青少年身边的环保丛书

QINGSHAONIAN
SHENBIAN DE HUANBAO CONGSHU

图文并茂　　热门主题　　创意无限

U0655207

环保与人类生活

谢苇 主编

时代出版传媒股份有限公司
安徽文艺出版社

图书在版编目（CIP）数据

环保与人类生活 / 谢苇主编. — 合肥：安徽文艺
出版社，2012.2（2024.1 重印）

（时代馆书系·青少年身边的环保丛书）

ISBN 978-7-5396-3931 4

Ⅰ. ①环… Ⅱ. ①谢… Ⅲ. ①环境保护－青年读物②
环境保护－少年读物 Ⅳ. ①X-49

中国版本图书馆 CIP 数据核字(2011)第 217062 号

环保与人类生活

HUANBAO YU RENLEI SHENGHUO

出 版 人：朱寒冬

责任编辑：周 康　　　　　装帧设计：三棵树 文艺

出版发行：安徽文艺出版社　www.awpub.com

地　　址：合肥市翡翠路 1118 号　邮政编码：230071

营 销 部：(0551)3533889

印　　制：唐山富达印务有限公司　电话：(022)69381830

开本：700×1000　1/16　印张：10　字数：153 千字

版次：2012 年 2 月第 1 版

印次：2024 年 1 月第 4 次印刷

定价：48.00 元

前 言
PREFACE

地球——这颗茫茫宇宙中的湛蓝星球是目前所知的唯一的人类生命之舟。我们所生活的地球不但美丽，更有许多适合人类及其他生物生存所必需的条件：温暖的阳光，清新的大气，洁净的水源……人类与其他的 200 多万种生物共同生活在美丽的地球上，地球给予人类的是物质的精华，而人们的回赠却是工业污染和生活垃圾。在倾倒废料的海滩、在核泄漏的现场、在森林枯死的穷山僻野、在烟雾弥漫的城市……我们都听到了地球母亲无奈的叹息和呻吟。

地球曾经默默无言、忍气吞声地承受了人类战天斗地的征服和改造。在巨大的压力面前，我们的地球已显示出某些破损的迹象。只要地球的自然运动规律出现一点点偏差，就会给人类带来灾难。面对无知而又贪婪的孩子，地球母亲正在失去耐心——飓风、海啸、地震、沙尘暴等各种自然灾难层出不穷。残酷的现实告诉人们，经济水平的提高和物质享受的增加，很大程度上是在牺牲环境与资源的基础上换来的。可以毫不夸张地说，人类正遭受着严重的环境问题的威胁和危害。这种威胁和危害关系到当今人类的健康、生存与发展，更关系到人类未来的前途。解决经济增长、资源利用和环境保护之间的矛盾和问题，谋求人类经济、社会和生态的持续发展，已成为当今人类的重大历史使命。

我们欣喜地看到，人类在严重的环境危机面前，已经开始了有意识的自救。具有卓识远见的经济学家和企业家开始意识到环境问题将反过来影响经济，并预感到 21 世纪的工业生产必将产生一场以保护环境、节约资源为核心的革命。这就是目前已经破土出苗的"绿色革命"。一些先行国家的企业已经开始实施"绿色设计"、"清洁生产"、"绿色会计"、"绿色产品",有一些国家的政府和消费者团体已经向人民群众大力宣传和号召购买绿色产品。

本书以普及青少年环境知识为出发点,立足环境保护与现代生活的关系,内容涉及自然环境中的大气污染、水污染、土壤退化等环境问题及防治办法,也涉及了家庭用品所产生的环境问题,希望这些知识能够让"保护环境,人人有责"的环保理念深入到青少年的心灵。

其实保护环境很简单,我们可以拾起一节丢弃的电池、回收废品、拒绝使用塑料袋等,只要我们多注意生活中的点滴,就会发现保护环境其实并不复杂。相信在我们共同的努力下,天空会依旧湛蓝,溪水会依旧清澈,绿水青山一定会回来。

让我们一起携手,爱护我们的地球,让江河欢畅地奔流,让树木自由地成长,让动物安宁地生存,把茂密还给森林,把蔚蓝还给天空,把青春美丽还给地球母亲……我们将以热烈而镇定的态度,紧张而有秩序的实际行动投身于人类生存、发展和未来的必然选择——保护环境、珍惜地球、爱护生命、维护和平,扎扎实实地走在世界可持续发展的道路上,走向人类共同的未来。

Contents
目 录

日趋严重的环境问题

什么是环境 ································· 1

人类面临的十大环境问题 ··············· 3

环保者的忧虑 ························· 5

保护环境势在必行 ····················· 7

各种污染物对人体的危害 ··············· 9

生态平衡很重要

生态平衡的定义 ······················· 17

生物多样性的价值 ····················· 19

生物多样性与现代生活的关系 ··········· 24

濒临灭绝的动植物 ····················· 28

与现代生活息息相关的水资源

什么是水资源 ························· 43

水资源的利用和供需矛盾 ··············· 44

谈谈水污染 ··························· 47

水体污染物一览 ······················· 50

水污染的危害 ························· 56

治理水污染 ································· 58

保护大气层

大气层的概念 ····························· 61

什么是大气污染 ··························· 63

形成大气污染的原因 ······················· 64

酸　雨 ·································· 65

地球温室效应 ···························· 68

地球臭氧层空洞 ··························· 72

大气污染的危害 ··························· 75

预防和治理大气污染 ······················· 77

土壤的退化

土壤的构成 ······························ 80

土壤生态 ································· 82

世界各地土壤类型 ························· 84

威胁人类生存的土地荒漠化 ··················· 85

威胁人类健康的沙尘暴 ····················· 89

土壤污染的影响 ··························· 91

土壤污染的防治 ··························· 94

身边的环境问题

固体废弃物的污染 ························· 97

来势汹汹的白色污染 ······················· 100

持久的废旧电池污染 ······················· 102

食品污染的危害 ··························· 104

防不胜防的室内空气污染 ····················· 108

烦人的噪音污染 ··························· 111

无孔不入的电磁辐射 ······················· 117

不可忽视的光污染 ……………………………………… 119

大家行动起来

《寂静的春天》与人类环保意识的觉醒 ……………… 122

环境的可持续发展战略 ………………………………… 128

《21世纪议程》与可持续发展战略 …………………… 135

让绿色文明成为主流 …………………………………… 139

绿色行动面面观 ………………………………………… 145

日趋严重的环境问题

RIQU YANZHONG DE HUANJING WENTI

环境问题是指由于人类活动作用于周围环境所引起的环境质量变化，以及这种变化对人类的生产、生活和健康造成的影响。人类在改造自然环境和创建社会环境的过程中，自然环境仍以其固有的自然规律变化着。社会环境一方面受自然环境的制约，也以其固有的规律运动着。人类与环境不断地相互影响和作用，从而产生环境问题。

由于人们对工业高度发达的负面影响预料不够，预防不力，导致出现全球性的三大危机：资源短缺、环境污染、生态破坏。人类不断地向环境排放污染物质，但由于大气、水、土壤等的扩散、稀释、氧化还原、生物降解等的作用，污染物质的浓度和毒性会自然降低，这种现象叫做环境自净。如果排放的物质超过了环境的自净能力，环境质量就会发生不良变化，危害人类健康和生存，这就发生了环境污染。环境污染会降低生物生产量，加剧环境破坏，保护环境已经成为一件迫在眉睫的事情。

什么是环境

在环境科学领域，环境的含义是以人类社会为主体的外部世界的总体。生存和发展的物理世界的所有事物，它既包括未经人类改造过的众多自然要素，如阳光、空气、陆地、天然水体、天然森林和草原、野生生物等等；也包括经过人类改造过和创造出的事物，如水库、农田、园林、村落、城市、工厂、港口、公路、铁路等等。它既包括这些物理要素，也包括由这些要素构成的系统及其所呈现的状态和相互关系。

需要特别指出的是，随着人类社会的发展，环境的概念也在变化。以前人们往往把环境仅仅看作单个物理要素的简单组合，而忽视了它们之间的相互作用关系。20 世纪 70 年代以来，人类对环境的认识发生了一次飞跃，人类开始认识到地球的生命支持系统中的各个组分和各种反应过程之间的相互关系。对一个方面有利的行动，可能会给其他方面带来意想不到的损害。从环境保护的宏观角度来说，地球就是这个人类的家园。

人类生活的自然环境，主要包括：

岩石圈

土圈（即：土壤圈）

水圈

大气圈

生物圈

与人类生活关系最密切的是生物圈。从有人类以来，原始人类依靠生物圈获取食物来源，在狩猎和采集食物阶段，人类和其他动物基本一样，在整个生态系统中占有一席位置。但人类会使用工具，会节约食物，因此人类占有优越的地位，会用有限的食物维持日益壮大的种群。

在人类发展到畜牧业和农业阶段，人类已经改造了生物圈，创造围绕人类自己的人工生态系统，从而破坏了自然生态系统，随着人类不断发展、数量增加，不断地扩大人工生态系统的范围，地球的范围是固定的，因此自然生态系统不断缩小，许多野生生物不断灭绝。

从人类开始开采矿石，使用化石燃料以来，人类的活动范围开始侵入岩石圈。人类开垦荒地，平整梯田，尤其是自工业革命以来，大规模地开采矿石，破坏了自然界的元素平衡。

自20世纪后半叶，由于人类工农业蓬勃发展，大量开采水资源，过量使用化石燃料，向水体和大气中排放大量的废水废气，造成大气圈和水圈的质量恶化，从而引起全世界的关注，使得环境保护事业开始出现。

现在随着科技能力的发展，人类活动已经延伸到地球之外的外层空间，甚至私人都有能力发射火箭。造成目前有几千件垃圾废物在外层空间围绕地球的轨道运转，大至火箭残骸，小至空间站宇航员的排泄物，严重影响对外空的观察和卫星的发射。人类的活动环境已经超出了地球的范围。

环境（environment）总是相对于某一中心事物而言的。环境因中心事物的不同而不同，随中心事物的变化而变化。

知识点

生物圈

生物圈是指地球上凡是出现并感受到生命活动影响的地区，是地表有机体包括微生物及其自下而上环境的总称，是行星地球特有的圈层。它也是人类诞生和生存的空间。生物圈是地球上最大的生态系统。生物圈的范围是：大气圈的底部、水圈大部、岩石圈表面。生物圈是地球上最大的生态系统。

人类面临的十大环境问题

40多年前，"环境保护"这个崭新的词汇首次出现在社会意识和科学讨论中。当时，美国科学家蕾切尔·卡逊注意到，由于化学杀虫剂的生产和应用，很多生物随着害虫一起被杀灭，连人类自己也不能幸免。为此，她在著名的《寂静的春天》一书中向世人发出警告。令人遗憾的是，40多年时光消逝，卡逊所忧虑的环境问题不但没消失，反而更严重。人类面临的环境问题已从局部、小范围的，发展成地区性，甚至全球性的。每年6月5日这个"世界环境日"的设立，使得环境保护问题更加引起世人的关注。

当今世界正面临着如下10大环境问题。

（一）全球气候变暖。二氧化碳、甲烷等温室气体阻止地球表面热量散发，气候变暖引起两极冰川融化，导致海平面上升，使沿海地区受淹。

（二）臭氧层被破坏。臭氧层能吸收太阳紫外线。人类工业和生活活动中排放的臭氧层损耗物质会破坏臭氧层，导致人类皮肤癌和白内障的发病率升高。

（三）生物多样性减少。主要原因是过度捕猎、工业污染等。生物多样性的减少将逐渐瓦解人类生存的基础。

（四）酸雨蔓延。大量二氧化硫和氮氧化物等排入大气，在降雨时溶解在水中，即形成酸雨。酸雨具有腐蚀性，会损害农作物，导致湖泊酸化，鱼类死亡。

（五）森林锐减。人类的过度采伐，加上森林火灾，使得森林面积锐减。森林减少导致水土流失、洪灾频繁等恶果。

（六）土地荒漠化。过度放牧、采矿、修路等人类活动使草地退化。目前，全球荒漠化土地面积几乎相当于俄罗斯、加拿大、美国和中国国土面积的总和。

（七）资源短缺。其中最严重的是水资源、耕地资源和矿产资源短缺。目前全球约1/2人口受到缺水的威胁。工业、城市建设工程在不断占用耕地，这使人类正面临耕地不足的困境。

（八）水环境污染严重。工业污水使得原本清澈的水体变黑发臭，细菌滋生。在我国，七大水系的水源只有不到30%能达到饮用水水源的水质标准。

（九）大气污染。悬浮颗粒被人体吸入，容易引起呼吸道疾病。二级空气标准适合人类生活，但我国目前只有1/3的城市一年中绝大多数天数空气能达到二级标准。

（十）固体废弃物成灾。固体废弃物包括城市垃圾和工业固体废弃物。垃圾中含有有害物质，任意堆放会污染周围空气、水体，甚至地下水。

▌▌▌ 环保者的忧虑

　　1992年11月，包括104位诺贝尔奖获得者在内的1500多名科学家签署了一份名为"世界科学对人类的告诫"的文件。文件说，人类正面临着一场"环境恶化不断加剧"的全球大劫，科学家们试图劝说各国政府采取有效措施，停止对环境的破坏。

　　俄罗斯科学院的一个研究所目前提出了使大气层免受氟利昂污染的新方法。这一方法的原理是，利用强大的微波辐射光束造成大气层中的放电作用，由此来保护臭氧层。根据这一方法，在大气层中进行的微波放电能高效率地瓦解氟利昂分子，而同时又不会产生会恶化生态环境的有害产物。

　　以美国麻省理工学院罗纳德·普罗布斯坦为首的一个科研小组，最近又研究出用低压电流清除土壤污染的新技术。这项新技术能除掉土壤中大约5%的污染物质，并可望大大降低大规模净化活动的费用。

　　保护环境、保护地球终于受到了世界各国的重视。1993年9月18日，16万多名志愿人员在33个国家的海滩上开展了一天的清除垃圾活动，共清除了160万千克海滩游客扔掉的垃圾，这包括塑料袋、塑料瓶、烟蒂、婴儿尿布、渔网和钓鱼用的浮子、注射器、玩具、灯泡、轮胎、金属罐、纸袋、废报纸等等。这一活动的发起者——美国海洋保护中心准备每年举行一次这样的活动。

　　新加坡则以公开羞辱的方法惩罚乱扔垃圾者，该国制定了新的《惩教工作法令》，按照该法令，乱抛垃圾者可被判罚从事社区服务3小时。一次，10名乱扔垃圾的人被强令穿上荧光绿背心，在旁观者揶揄和电视摄像机的镜头下，到公共场所拾垃圾1小时。新闻媒体都专门作了报道，结果这10名"垃圾虫"只好极力遮掩自己的脸，十分尴尬。

　　世界噪声第二大国西班牙各大城市中70%的居民区超过了欧共体规定的最高65分贝的噪声限量。最近该国政府决定颁布一项限制噪声污染的新法律，开展一场反噪声战。这项法律将对所有影响住宅、工作场所、学校和娱乐场所的外来环境噪声规定出最高限量，对违反规定者将处以罚款。

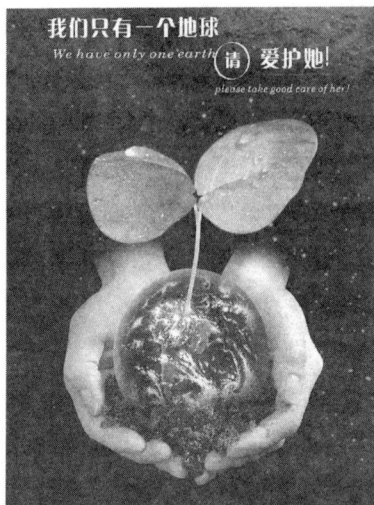

关爱地球

印尼的森林资源在20世纪60年代~70年代曾遭受到严重的滥砍滥伐。当时的政局不稳定，没有制定有效的森林开发计划，导致苏门答腊及西加里曼丹省的丰富森林资源几近全部枯竭。由此才于1967年有了第一部《森林法》。印尼现在规定，只有那些树干直径超过50厘米的树木才获准砍掉，并且每年的砍伐计划须经当局认可。在砍伐后还须再植树，每砍一株树要种80株同一品种的树苗，以保证每公顷内至少有400株有商业用途的树留下来。

中国从70年代开始注意环保问题。全国设有1000个环境监测点，1988年还通过了空气污染管制法。中国正在实施使城市、河流和原野恢复清洁的环境综合治理计划。

汽车由于排放毒性废气和使用产生含氯氟烃的空调装置，已被大多数专家公认为是世界上的一个主要污染源。为此，美国的一些州规定，所有出售的汽车中必须有10%的汽车不排放任何废气。有些国家，如德国、丹麦和荷兰还对较清洁的汽车的主人给予税收优惠并少收注册登记费。

环境保护虽然已取得了明显的进展，然而从全球看，今天世界的人口已是19世纪的6倍，经济活动也不知扩大了多少倍，对大自然的破坏依然是相当严重的。作为人类的一份子，应当明确的是：地球只有一个，爱护地球就是爱惜生命。

知识点

氟利昂

又名氟利昂，氟氯烃，是几种氟氯代甲烷和氟氯代乙烷的总称。氟利昂

在常温下都是无色气体或易挥发液体，略有香味，低毒，化学性质稳定。由于氟利昂化学性质稳定，具有不燃、无毒、介电常数低、临界温度高、易液化等特性，因而在很长一段时间里，被广泛应用作冷冻设备和空气调节装置的制冷剂。今年研究证实，氟利昂会破坏大气臭氧层，已限制使用。目前，地球上已出现很多臭氧层漏洞，有些漏洞已超过非洲面积，其中很大的原因是受到氟利昂的化学物质的破坏。

保护环境势在必行

环境污染对人类健康的损害是非常明显的。美国科学家曾经指出："世界40%的死亡人数是由污染和其他环境因素引起的。"世界银行公布关于中国环境污染的报告指出："中国为战胜环境污染带来的疾病，在1995年的医药保健费达到340亿美元，如此继续下去，到2020年这方面的花费将高达1040亿美元。"

据世界卫生组织（WHO）的资料，长期接触年平均浓度超过0.1毫克/米^{3}的烟尘和二氧化硫，或短期接触日平均浓度超过0.25毫克/米^{3}的烟尘和二氧化硫，会使呼吸系统疾病加重。我国许多城市居民区大气颗粒物年平均值超过0.4毫克/米^3，冬季颗粒物日平均值

大气污染物的主要来源

超过0.5毫克/米^3，二氧化硫浓度约为0.25毫克/米^3，明显超过或相当于WHO规定的致病浓度水平。科学家研究了大气中二氧化硫和颗粒物浓度与人口死亡率的关系，发现二氧化硫浓度每年增加0.01毫克/米^3，呼吸系统疾病的死亡人数将增加5%左右。大气污染与肺癌发病率有正相关。如沈阳市据肺癌死亡率与大气颗粒物浓度相关回归方程推算，颗粒物浓度每年增加0.1毫

克/米³，肺癌死亡率将增加 10% 左右。

水污染导致生物死亡

水体污染对人类健康的影响更明显。世界卫生组织调查表明，80% 的疾病和 52% 的儿童死亡与饮用水质不良有关，因水污染而患病的人占世界各医院住院人数的 50%。由于水质污染，全世界每年有 3500 万人患心血管疾病，7000 万人患结核病，9000 万人患肝炎。据联合国环境规划署协调员辛格的资料：水污染每年造成 500 万～1000 万人（其中大多是儿童）死亡，危及世界 2/3 的人口，大约 40 亿人。联合国赞助撰写的一份报告指出，每年与水有关的病例多达 2.5 亿起，每天多达 2.7 万人死于霍乱、疟疾、登革热和痢疾。据沈阳环境保护所对沈抚灌区的调查：沈抚灌区人群癌症发病率比清灌区高 1 倍，特别是石油污灌区，几种主要疾病的人群发病率比清灌区高 320 倍。另据调查，饮用已污染水体的人群癌症（主要是肝癌、胃癌）发病率比饮用清洁水的高 61.5%。如松花江在吉林的三大化工厂的污染下，河水中 BdP（苯并 d 芘）浓度超标 10 倍，DDT 超标 5 倍，苯超标 4 倍，使沿江 51 万人口的癌症发病率高达 8.76/10000，明显高于距江较远的居民（5.14/10000）。

环境中雌激素样物质对男性生殖系统有严重影响。某些环境污染物具有与天然激素类似的作用或结构，如甲苯氯、多氯联苯、四氯联苯、二氯二苯、双氯乙烷、己烯雌酚等。它们可能通过减弱或拮抗内分泌激素的效应，破坏激素的代谢过程或破坏激素的受体而影响生殖能力。1938～1990 年，全世界抽样调查，精液中精子密度由 1940 年的 113×10^6/毫升下降到 1990 年的 66×10^6/毫升。1973～1992 年，巴黎地区的 1351 份调查资料证明，精子密度以每年 2.1% 的速度递减，且正常精子的百分比和精子的活力均下降。据北京计划生育委员会资料显示，1985～2005 年精子活动率由 75.11% 降至 67.27%，精液量由 3.31 毫升降至 2.7 毫升。

知识点

二氧化硫

二氧化硫是最常见的硫氧化物。无色气体，有强烈刺激性气味。大气主要污染物之一。火山爆发时会喷出该气体，在许多工业过程中也会产生二氧化硫。由于煤和石油通常都含有硫化合物，因此燃烧时会生成二氧化硫。当二氧化硫溶于水中，会形成亚硫酸（酸雨的主要成分）。若把二氧化硫进一步氧化，通常在催化剂如二氧化氮的存在下，便会生成硫酸。这就是对使用这些燃料作为能源的环境效果的担心的原因之一。

各种污染物对人体的危害

无机污染物与人体健康

1. 氟

氟是环境中主要污染物之一，磷矿、磷肥厂、砖瓦厂、钢铁厂、铝厂是其主要污染源。环境空气质量标准为 7 克/米^3，水和蔬菜、粮食环境卫生标准分别是 0.5 毫克/升和 0.5 毫克/千克。人体每日摄取 8～10 毫克以上的氟就会产生氟骨症，主要症状是：骨硬化（棘突、骨盆、胸廓），不规则骨膜骨形成，异位钙化（韧带、骨间膜等），伴随骨髓腔缩小，不规则外生骨赘。含氟量过多还会导致死胎、流产、早产及畸形儿增多。

通过检验尿氟和血浆氟含量就可以了解是否氟中毒。日本规定一天尿氟量的正常值是：30～40 岁人均为 0.72 毫克±0.4 毫克；妇女为 0.54 毫克±0.38 毫克。正常人血浆中氟含量为 0.02 克/升。严重氟中毒容易骨折。

2. 镉

镉是日本发生骨痛病的元凶。镉被吸收后，首先到肝脏，再被输送到肾脏，并积蓄起来。镉在人体内半衰期为 6～18 年。镉中毒后首先使肾脏及肝脏受损，其后是骨质软化和镉取代骨骼中的钙而使骨骼容易折断。镉慢性中毒到发病可延续 20 年。镉中毒的症状是门牙和犬牙有镉环。大气中镉含量在 50 皮克/米^3 以下时，对健康不会产生明显影响；大米中镉的卫生标准为 0.2 毫克/千克；蔬菜 0.5 毫克/升克；饮用水 0.01 毫克/升。

3. 汞

汞是日本水俣病的元凶。主要是甲基汞进入人体后与 –SH 结合形成硫醇盐，使含 –SH 的酶包括过氧化物酶、细胞色素氧化酶、琥珀酸脱氢酶、葡萄糖脱氢酶失去活性，进而使肝脏失去解毒功能和破坏细胞离子平衡，导致细胞坏死。甲基汞还能侵害神经系统，特别是中枢神经系统，损害最严重的是小脑和大脑两半球，特别是枕叶、脊髓后束以及末梢感觉神经。汞也能够引起流产、死胎、畸胎等异常妊娠。

粮食中汞的卫生标准为 0.02 毫克/千克，蔬菜是 0.01 毫克/千克，水中汞的卫生标准 0.001 毫克/升，空气最高允许汞浓度（居民区）0.0003 毫克/米^3。

4. 铅

铅是主要的重金属污染物之一，主要引起中枢神经系统损伤和贫血。早期症状是头痛（晕）、失眠、味觉不佳、体重减轻。铅还能够降低人的生育能力。铅可进入神经系统各部位，导致中枢神经系统紊乱，运动失调，多动，注意力下降，智商下降，模拟学习困难，空间综合能力下降。有人认为，铅

污染是导致"罗马王朝"覆灭的主要原因。儿童对铅特别敏感，铅能够使儿童的神经、血液、心血管、消化、免疫、内分泌、生殖泌尿等多系统、多器官受损，而且是不可逆的终生损伤。据报道，儿童血铅水平每升高 100 克/升，身高会降低 1.3 厘米，智商会丧失 6~7 分。

生活中铅污染的主要来源

5. 砷

从世界范围来看，因砷和砷化物中毒的事例很多。1900 年，英国曾发

生啤酒砷中毒事件，日本曾发生食用奶粉引起砷中毒事件。成人亚砷酸的中毒剂量为5～50毫克/千克，致死剂量为100～300毫克/千克。砷引起的主要中毒症状有神经损害，早期有末梢神经炎，有蚁走感，皮肤色素沉淀，运动功能失调，视力、听力障碍，肝脏损伤等。无机砷是致癌物，能够引起皮肤癌和肺癌。

蔬菜中砷的卫生标准是0.5毫克/千克，粮食中砷卫生标准0.7毫克/千克，饮用水是0.05毫克/升。近年来科学家发现，适量的砷对人体是必需的，因此将砷列入生物必需元素。考波漫认为，每人每日摄入砷不得低于12微克。实验已经证明，动物因为缺砷生长发育受阻，免疫力下降。人体正常含砷量为98毫克，每人每日允许最高摄入量是3毫克（FAO/WHO）。

6. 铬

铬是生命必需元素，缺铬将导致糖、脂肪或蛋白质代谢系统的紊乱。但是铬量过多也会产生毒害，六价铬的毒性远远大于三价铬。

铬对人体的毒害主要是引起呼吸器官受损和皮肤受损。例如鼻中隔损伤、溃疡、穿孔和皮肤的腐蚀性反应和皮肤炎。铬还能够致癌，特别是肺癌。

粮食中铬的卫生标准为1.0毫克/千克，蔬菜中铬的卫生标准0.5毫克/千克，水中铬的卫生标准0.05毫克/升。

有机污染物与人体健康

有机化合物的毒性大致有两类：1. 由有机化合物本身特定的化学结构决定的，如生物碱、氯仿、乙醚等产生的毒性；2. 毒性大小与代谢有关。当某有机化合物进入人体后，在酶等作用下，产生具有较强反应能力的不稳定的中间产物，其中一部分能够与蛋白质、核酸等活性物质结合，破坏具有活性的各种蛋白质，从而使酶等失活，细胞死

有机物污染

亡，组织坏死。下面介绍几种主要有机污染物。

（1）多环芳烃（PAH）

多环芳烃在煤、石油中广泛分布，其中苯并芘（BdP）是一种强烈致癌（肺癌）物质，它主要存在于煤中。如果加上香烟中的焦油，更能够促使癌症的发生，这说明香烟与肺癌关系密切。有不少物质能够诱发 BdP 的致癌作用，这是因为 PAH 几乎不与细胞内的成分起反应，为了能够和机体成分起反应，就要使细胞内的羟化酶活化，而羟化酶的活化需要过渡元素（如铁、镍等）。

（2）N－亚硝基化合物

N－亚硝基化合物是强烈致癌（主要是肝癌）物质，它广泛分布在人类生活环境中。N－亚硝基化合物有 2 个前驱物质：①亚硝酸盐，存在于一切农产品中，特别是腌制品（火腿、腌肉、腌菜）中含量特别高。放置时间太长的新鲜蔬菜以及焖煮时间太长的食物中亚硝酸盐的含量都明显增加。②仲胺，它是动物、植物蛋白质代谢的中间产物。在海鱼和鱼肉罐头中含量很高。

亚硝酸盐除有强烈致癌作用外，还能够使血红蛋白失去输送氧的能力，引起不同程度的缺氧症状。

粮食中亚硝酸盐的卫生标准为 3 毫克/千克，叶菜类 1200 毫克/千克，瓜果类 600 毫克/千克，淡水鱼和肉类都是 3 毫克/千克，生活饮用水（以氮计）为 20 毫克/升。

（3）卤代烷类

以三氯甲烷、四氯化碳为代表的卤代烷类，对肝脏有强烈的损害，并有致癌作用。自来水厂用液氯消毒的过程中，常产生挥发性的卤代有机物如三卤甲烷、二溴一氯甲烷和溴仿（THMS），非挥发性卤代有机物如卤乙腈、卤乙酸、卤代酸、卤代酮、卤代醛等。在烧开水时应适当多煮沸一段时间，使挥发性的卤代有机物蒸发掉，以减少水中的氯的次生代谢物的含量。

（4）农药

农药中包括有机氯农药、有机磷农药、有机汞农药、氨基甲酸酯农药、除草剂等。有机氯农药包括六六六和DDT，这是一类脂溶性农药，半衰期长，毒性大，1982 年国务院下令停止使用。据 2000 年对我国 16 个省区的调查，在 1914 批粮食中，六六六和DDT检出率分别为 100% 和 49.8%，都超出国家

卫生标准。有机磷农药包括对硫磷、马拉硫磷、乙硫磷、双硫磷、三硫磷等，因为极易分解，不易产生慢性中毒，但急性毒性较强，它能够使人的神经功能失调、嗜睡、语言失常。有机汞农药有西力生（氯化乙基汞）、赛力散（醋酸苯汞）等。这是一类剧毒的农药，能够破坏人体中主要酶系，在土壤中的半衰期长达 10～30 年。氨基甲酸酯农药如西维因等，较易分解，对动物毒性较小，但在体内能够与亚硝酸合成亚硝酸胺类，有致癌作用。除草剂一般都有致突变、致畸、致癌作用。

农药污染

粮食中农药卫生标准：对硫磷 0.1 毫克/千克（原粮），甲胺磷 0.1 毫克/千克（原粮），辛硫磷 0.05 毫克/千克（玉米），敌敌畏 0.1 毫克/千克（原粮），乐果 0.05 毫克/千克（原粮）。蔬菜中的卫生标准：马拉硫磷不得检出，对硫磷不得检出，辛硫磷 0.05 毫克/千克，乙酰甲胺磷 0.2 毫克/千克，敌敌畏 0.2 毫克/千克，乐果 1.0 毫克/千克。

生物污染物与人体健康

水体是微生物广泛分布的天然环境。不论是地面水还是地下水都极易受到病原体污染，并且病原体在水中一般都能够存活数日甚至数月。世界卫生组织（WHO）调查资料表明，发展中国家中有 10 亿多人受到水中传染病菌的威胁，每年约有 500 多万人死于水体传染病，儿童死亡的 1/2 与饮用水生物污染有关。我国的甲型肝炎、霍乱、伤寒、胃肠炎等都是通过水传播的。

根据饮用水的卫生标准，大肠杆菌不得超过 3 个/升，细菌总数不得超过 100 个/毫升。

其中黄曲霉素类的毒素非常强，主要有黄曲霉素 B、黄曲霉素 G、黄曲霉

链球菌

食肉链球菌

肺炎链球菌

绿脓杆菌

水中滋生的各类病菌

素 M 等，其中黄曲霉素 B 的毒性最强。按毒性分级规定，动物半致死剂量≤10 毫克/千克（体重）的物质为剧毒，而黄曲霉素的半致死剂量为 0.36 毫克/千克（体重），它的毒性比氰化钾大 10 倍，比砒霜大 68 倍。主要损害器官是肝脏，造成肝硬化、肝坏死，主要症状是肝区隐痛、胃部不适、食欲减退、恶心、呕吐、腹胀，严重时出现水肿、昏迷。

黄曲霉素是一种强烈致癌物质，它诱发癌症的能力比甲基亚硝氨大 75 倍，比苯并芘大 4000 倍。

花生、大豆发霉后黄曲霉素含量非常高，其他如植物油、玉米、大米霉变后都有黄曲霉毒素存在。

居室污染物与人体健康

前面提到被污染的环境主要指大环境，实际上人们往往忽视居室这个小环境的重要性。人类的一生中在室内的时间远远超过在室外的时间，而居室环境的污染已经大大超过大环境的污染。

据有关数据显示，室内的各项污染指标远远高于室外的对照点，如室内总悬浮颗粒物（TSP）是室外的 1.3 ~ 9 倍，远远高于居民区最高允许浓度。对燃烧煤的家庭，室内 SO 日平均浓度是允许浓度的 7 ~ 511 倍；室内 NO₂ 浓度是允许浓度的

新装修的居室中含有大量
对人体健康有害的成分

21～37.5倍；室内 CO 日平均浓度是允许浓度的 4～8 倍。厨房能源结构的改善，多开窗户，设置排气换气装置是改善室内环境的重要条件。

目前，家庭装修越来越高档，越来越讲究，但其所带来的污染也越来越大。目前对健康危害最大的建筑、装修材料主要来自 3 方面：1. 水泥、沙石等含有的氡，矿渣砖里含有的放射性物质；2. 装饰装修材料中的板材、油漆中的甲醛；3. 家具中释放出的甲醛以及布艺沙发喷胶带来的苯污染等。有人认为装修材料中含有挥发性有机物高达 300 多种，其中最常见、危害最大的有甲醛、VOC（苯及同系物）、氨、氡、放射性物质等。人如果长期受到高浓度氡等辐射，可导致肺癌、白血病及呼吸系统的疾病。人体对甲醛的初期反应有呕吐、腹泻、流泪、疲倦。当甲醛浓度达到0.06～0.67 毫克/米^3 时，儿童就会发生气喘。甲醛还有致癌作用，例如，北京某医院在接诊白血病患儿时发现多数小患儿家中近半年内曾进行过居室装修，而且大多数是豪华装修，其中甲醛含量很高。

知识点

无机物

指不含碳元素的纯净物以及简单的含碳化合物如一氧化碳、二氧化碳、碳酸、碳酸盐和碳化物等的集合。无机化合物的命名，应力求简明而确切地表示出被命名物质的组成和结构。这就需要用元素、根或基的名称来表示该物质中的各个组分；用"化学介词"（起着连接名词的作用）来表示该物质中各组分的连接情况。

生态平衡很重要

  生态平衡是指在一定时间内生态系统中的生物和环境之间、生物各个种群之间，通过能量流动、物质循环和信息传递，使它们相互之间达到高度适应、协调统一的状态。也就是说当生态系统处于平衡状态时，系统内各组成成分之间保持一定的比例关系，能量、物质的输入与输出在较长时间内趋于相等，结构和功能处于相对稳定状态，在受到外来干扰时，能通过自我调节恢复到初始的稳定状态。

  一个生态系统的调节能力是有限度的。外力的影响超出这个限度，生态平衡就会遭到破坏，生态系统就会在短时间内发生结构上的变化，比如一些物种的种群规模发生剧烈变化，另一些物种则可能消失，也可能产生新的物种。但变化总的结果往往是不利的，它削弱了生态系统的调节能力。这种超限度的影响对生态系统造成的破坏是长远性的，生态系统重新回到和原来相当的状态往往需要很长的时间，甚至造成不可逆转的改变，这就是生态平衡的破坏。作为生物圈一份子的人类，对生态环境的影响力目前已经超过自然力量，而且主要是负面影响，成为破坏生态平衡的主要因素。

生态平衡的定义

生态系统中的能量流和物质循环在通常情况下（没有受到外力的剧烈干扰）总是平稳地进行着，与此同时，生态系统的结构也保持相对的稳定状态，这叫做生态平衡。

生态系统中各种生物的数量和所占的比例是相对稳定的，形成一种动态的平衡。

在生态系统内部，生产者、消费者、分解者和非生物环境之间，在一定时间内保持能量与物质输入、输出动态的相对稳定状态。如果生态系统受到外界干扰超过它本身自动调节的能力，就会导致生态平衡的破坏。生态平衡是生态系统在一定时间内结构和功能的相对稳定状态，其物质和能量的输入、输出接近相等，在外来干扰下能通过自我调节（或人为控制）恢复到原初的稳定状态。当外来

生态平衡

干扰超越生态系统的自我控制能力而不能恢复到原初状态时，谓之生态失调或生态平衡的破坏。生态平衡是动态的。维护生态平衡不只是保持其原初稳定状态。生态系统可以在人为有益的影响下建立新的平衡，达到更合理的结构、更高效的功能和更好的生态效益。

（一）自然生态系统经过由简单到复杂的长期演化，最后形成相对稳定状态，发展至此，其物种在种类和数量上保持相对稳定；能量的输入、输出接近相等，即系统中的能量流动和物质循环能较长时间保持平衡状态。此时，系统中的有机体将所有有效的空间都填满，环境资源能被最合理、最有效地利用。例如，热带雨林就是一种发展到成熟阶段的群落，其垂直分层现象明

显，结构复杂，单位面积里的物种多，各自占据着有利的环境条件，彼此协调地生活在一起，其生产力也高。

（二）生态系统具有一定的内部调节能力。

（三）生态平衡是动态的。在生物进化和群落演替过程中就包含不断打破旧的平衡，建立新的平衡的过程。人类应从自然界中受到启示，不要消极地看待生态平衡，而是发挥主观能动性，去维护适合人类需要的生态平衡（如建立自然保护区），或打破不符合自身要求的旧平衡，建立新平衡（如把沙漠改造成绿洲），使生态系统的结构更合理，功能更完善，效益更高。

生态平衡是整个生物圈保持正常的生命维持系统的重要条件，为人类提供适宜的环境条件和稳定的物质资源。

生态平衡是指生态系统内两个方面的稳定：1. 生物种类（即生物、植物、微生物、有机物）的组成和数量比例相对稳定；2. 非生物环境（包括空气、阳光、水、土壤等）保持相对稳定。

生态平衡是一种动态平衡。比如，生物个体会不断发生更替，但总体上系统保持稳定，生物数量没有剧烈变化。

生态平衡的另一个定义是指自然生态系统中生物与环境之间，生物与生物之间相互作用而建立起来的动态平衡联系，又称"自然平衡"。在自然界中，不论森林、草原、湖泊，都是由动物、植物、微生物等生物成分和光、水、土壤、空气、温度等非生物成分所组成。每一个成分都并非是孤立存在的，而是相互联系、相互制约的统一综合体。它们之间通过相互作用达到一个相对稳定的平衡状态，称为生态平衡。实际上也就是在生态系统中生产、消费、分解之间保持稳定。如果其中某一成分过于剧烈地发生改变，都可能出现一系列的连锁反应，使生态平衡遭到破坏。如果某种化学物质或某种化学元素过多地超过了自然状态下的正常含量，也会影响生态平衡。生态平衡是生物维持正常生长发育、生殖繁衍的根本条件，也是人类生存的基本条件。

生态平衡遭到破坏，会使各类生物灭绝。

生态系统一旦失去平衡，会发生非常严重的连锁性后果。例如，20 世纪 50 年代，我国曾发起把麻雀作为"四害"之一来消灭的运动。可是在大量捕杀了麻雀之后的几年里，却出现了严重的虫灾，使农业生产受到巨大的损失。

后来科学家们发现，麻雀是吃害虫的好手。消灭了麻雀，害虫没有了天敌，就大肆繁殖起来，导致了虫灾发生、农田绝收一系列惨痛的后果。生态系统的平衡往往是大自然经过了很长时间才建立起来的动态平衡。一旦受到破坏，有些平衡就无法重建了，带来的恶果可能是人的努力无法弥补的。因此，人类要尊重生态平衡，帮助维护这个平衡，而绝不要轻易去破坏它。

知识点

非生物环境

有机化合物主要由氧元素、氢元素、碳元素组成。有机物是生命产生的物质基础，包括脂肪、氨基酸、蛋白质、糖、血红素、叶绿素、酶、激素等。生物体内的新陈代谢和生物的遗传现象，都涉及有机化合物的转变。此外，许多与人类生活有密切关系的物质，例如石油、天然气、棉花、染料、化纤、天然和合成药物等，均属有机化合物。

生物多样性的价值

对于人类而言，生物多样性的价值主要在于它为人类提供物品和各种生态服务。生物多样性不仅提供了人类生存不可缺少的生物资源，也构成了人类生存的生物圈环境。人类的食物主要来源于生物，包括自然生存的和人工种植的。人类穿的、用的，大多也直接或间接依赖于生物。我们在日常生活中吃的蔬菜瓜果、五谷杂粮、鱼鸭蛋肉、山珍海味，穿的棉衣布衫、绫罗绸缎，居所中的桌椅板凳、花鸟鱼虫，用来治病的中草药等，无不与生物多样性有关。可以毫不夸张地说，人类需求多样性的满足在极大程度上依赖于生物的多样性。不仅人类基本生存条件的改善依赖于生物多样性，而且人类的精神生活、娱乐活动同样与生物多样性息息相关。从长远来看，生物多样性对人类的最大价值可能就在于它为人类提供了更广阔的适应区域和全球环境变化的各种机会。

一般认为，生物多样性的价值可以归纳为以下 3 个方面：

经济价值

生物多样性具有直接的经济效益，这部分价值属于直接使用价值。长期以来，生物多样性为人类的生存与发展提供了必不可少的生活物质。人类从生物多样性中得到了所需的全部食品、各种药物、工业原料及能源。在美国，生物多样性提供的经济价值和环境效益每年约有 3000 亿美元。生物多样性的经济价值主要表现在以下几个方面：

1. 提供食物

自然界为人类提供了所有的食物。据估计，世界上具有潜在可食性的植物有 80000 种，而人类仅利用了 150 种，其中 15 种植物提供了世界上 90% 的食物。因为我们赖以生存的植物种类范围太窄，所以我们生产和保存农作物的能力显得十分重要。往后的 30 年里，随着人口的增长，保持生物多样性是食品安全必不可少的内容。因为仅靠有限的几种动植物作为我们的食物会造成营养的单一化，对机体免疫力不利。另外，通过作物和野生种群的杂交，我们可以提高作物的抗病性，当这些野生种群灭绝后，基因库储存的信息就丢失了。

2. 提供药物资源

大自然还给人类提供药物。很多野生动植物是重要的药物资源，世界上很多药品都含有从植物、动物或微生物中提取的或者利用天然化合物合成的有效成分。据估计，世界上有 25%～50% 的药物来源于天然动植物。在美国，大约 1/5 的处方药来源于植物。我国的中医数千年来一直以天然植物和动物作为药物的主要来源，已经有记载的药用植物有 5000 多种。随着科学技术的发展，人类将不断从许多原来不知名的物种中找到能治病的药物成分。目前，很多国家都从野生植物中筛选抗癌药物。然而，具有药用价值的野生植物还有大部分没有被利用，如果物种继续以现在的速度丧失，人类将失去不计其数的药用生物。

3. 提供工业生产原料和能源

植物和动物是主要的工业原料，现存和早期灭绝的物种支持着工业的进程。纺织、造纸、化工等工业生产都依赖于生物多样性所提供的大量的、多

样化的原材料和能源。

生态价值

生物多样性的生态功能价值是巨大的，它属于间接使用价值，主要与生态系统的功能有关。通常它并不表现在国家核算体制上，但如果计算出来，它的价值大大超过其消费和生产性的直接使用价值。根据资料，在全球水平上，生物多样性提供的生命支持系统包括：

1. 能量转换，能量从太阳光到植物，再通过食物网进行再分配；

2. 有机物的贮存、释放和再分配；

3. 养分循环，如氮、磷在"空气—水体—土壤—生物"体系进行循环；

4. 水循环，净化和分配水资源；

5. 氧分循环，通过植物和动物进行二氧化碳及氧气交换。

这些功能构建的气候环境给人类创造了一个适宜的生存条件。而这些功能的发挥，需要系统内许多物种的联合行动和相互作用。在生态系统内部，各个物种在提高人类的生存及生活质量中都有特殊作用。例如，蜜蜂等传粉者是生态魔术师，它们使大多数植物的繁殖成为可能；蜻蜓等是害虫的天敌，因而也可以利用生物多样性进行病虫害的生物防治。

生物多样性的丧失将降低生态系统服务的频率和容量。区域内物种的减少将极大地阻碍生态系统的循环，整个系统将变得不稳定。这种不稳定性将减弱系统对极端环境和灾害事件（如洪灾、旱灾）的抵抗能力，并降低区域生产力。如果没有自然界提供的这些服务，人类将不可能生存，更别说繁荣发展了。

社会价值

除了经济价值和生态价值外，生物多样性还具有重大的社会价值，如艺术价值、美学价值、文化价值、科学价值、旅游价值等。这部分价值属于间接使用价值。千姿百态的生物给人以美的享受，是艺术创造和科学发明的源泉，人类文化的多样性很大程度上起源于生物及其环境的多样性。人类利用动植物种的历史表明，即使看似最"无用"的物种，也会偶然地、意想不到地变为有用的物种。例如，人们发现犰狳是唯一与麻风病有关的动物，它是研究治疗麻风病的宝贵材料；北极熊的毛是高效能吸热器，这为科研人员提供了设计并制造防寒衣服及太阳能采热器的线索；响尾蛇以热定位确定捕捉物的位置，为导弹的红外线自动引导系统提供依据；昆虫的平衡棒能够保持航向不偏离，为制造和控制高速飞行的飞机和导弹航向及稳定的振动陀螺提供依据；对一些孑遗植物的研究可以了解生物进化规律及其对环境变迁的适应。

归纳起来，生物多样性的价值概括起来包括以下方面：

1. 对空气和水的净化；

2. 减轻洪水和干旱灾害；

3. 废弃物的分解和去毒；

4. 土壤及其肥力的产生和更新；

5. 对作物和自然植物的传粉；

6. 控制农作物的病虫害；

7. 种子的扩散和营养物的搬运；

8. 保护人类免受紫外线的危害；

9. 对气候有部分的稳定作用；

10. 缓和风、浪和极端的温度变化。

生物多样性下降及其原因

生物多样性下降

（1）生态系统受损严重

地球上许多生态系统的多样性正遭受破坏，表现在量的减少和质的退化两个方面。被称为"自然之肾"的湿地在蓄洪防旱、调节气候、控制土壤侵蚀、降解环境污染等方面起着极其重要的作用，同时也是被人类开发得最剧烈的生态系统之一。新西兰有90%的湿地自欧洲殖民时代以来已经丧失，森林面积减少和被破坏的情况也十分严重。

中国的原始森林长期受到乱砍滥伐、毁林开荒及森林火灾与病虫害的破

坏，原始森林每年减少 0.5×10^4 千米^2；草原由于超载过牧、毁草开荒及鼠害等影响，已有 50% 退化，25% 严重退化；土地受水力侵蚀、风力侵蚀面积已达 367×10^4 千米^2。生态系统的大面积破坏和退化，不仅表现在总面积的减少，更为严重的是其结构和功能的降低或丧失，例如水体污染达 80% 以上，淡水生态系统濒于瓦解。

（2）物种及遗传多样性丧失加剧

生物物种的灭绝是自然过程，但灭绝的速度则因人类活动对地球的影响而大大增加，野生动植物的种类和数量以惊人的速度在减少。自 1600 年以来的生物灭绝，被称为地质史上的第六次生物大灭绝，其灭绝量大约是以往地质年代"自然"灭绝的 100～1000 倍。据科学家估计，自 1600 年以来，人类活动已经导致 75% 的物种灭绝。鸟类和兽类在 1600～1700 年的 100 年间，灭绝率分别为 2.1% 和 1.3%，即大约每 10 年灭绝一种，而在 1850～1950 年期间，灭绝率上升到大约每两年灭绝一种。1992～2002 年的 10 年间，全球有800 多个物种灭绝，1.1 万多个物种濒危。中国是地球上生物多样性极其丰富的国家，拥有极为丰富的基因资源。然而，目前资源正在不可逆转地退化，极大地影响了资源利用状况。尽管中国政府、科学家、政府官员和人民在自然保护方面作出了巨大的努力，采取了大量措施，但是中国的环境及生物多样性的现状正面临严重的威胁。

根据动植物的稀有程度和发展趋势，对物种划分优先等级，一般按个体数量、分布面积来决定。将它们划分为以下几类：

①灭绝的种类：历史上存在，目前已经完全消失。如恐龙、美洲旅鸽。

②濒危的种类：指自然群落数量很少，它们在脆弱的环境中受到生存的威胁，有走向灭绝的危险。它们有可能是生殖能力很弱，或是由于所要求的特殊生境被破坏。如大熊猫、白鳍豚、朱鹮和水杉、水松等。

③渐危的种类：由于人为或自然原因，在其分布区范围内已走向衰落，如不立即采取措施，会逐步走向濒危的种类。如广西桫木及伴生种金丝李。

④稀有的种类：指分布区比较狭窄、生态环境比较独特或者分布范围虽广但比较零星的种类。只要分布区域产生对它生长和繁殖不利的因素，它就很可能成为渐危或濒危种类。高山、深海、海岛、湖沼上许多植物多属于这

一类，动物中的黑鹿、獐等也属此类。

⑤不定种：处于受威胁状态，数量有明显下降，但其真实数量尚无法正确估计，其他情况也不太清楚的种类。如毛冠鹿等。

知识点

地球的生物多样性

地球上究竟存在多少物种？科学家们估计，在地球上大约1000万~3000万的物种中，只有140万已经被命名或被简单地描述过，其中包括75万种昆虫、4万多种脊椎动物和25万种高等植物，这些物种大多数存在于热带雨林地区。对多数研究较深的生物类群来说，物种的丰富程度从极地到赤道呈递增趋势，密闭的热带森林几乎包含了世界物种的1/2以上，充满着各种生命：林木、灌木、藤本植物；附生植物、寄生植物；地衣、苔藓、水藻、真菌、蕨类等。在秘鲁的森林，就发现了283种树、17种藤本植物，在一棵树上就有43种蚂蚁，同整个英国的蚂蚁种类差不多。

生物多样性与现代生活的关系

随着世界人口的迅速增长及人类经济活动的不断加剧，由此带来的环境和生态问题日益严峻：人类正面临人口膨胀、环境退化、生物多样性枯竭、能源匮乏、粮食短缺等世界性难题，解决这些难题与人类对生物多样性的保护和持续利用有非常密切的关系。事实上，与其他全球性环境问题相比，生物多样性的减少和丧失更加引人注目，因为生物多样性具有极大的价值，物种的灭绝是不可逆转的。生物多样性的保护与持续利用是当今国际上生态学的研究热点之一，也已成为人类与环境领域的中心议题。

生物多样性是人类赖以持续生存的基础，它不仅提供了人类生存不可缺少的生物资源，也构成了人类生存的生物圈环境。但是，无论是在小国还是在世界范围内，生物多样性正受到严重威胁：生态系统类型减少，物种数量

下降，基因多样性降低。因此，生物多样性保护已迫在眉睫。

生物多样性之所以成为当前的热门话题，主要有两个原因：1. 人类重新认识到生物多样性的价值；2. 生物多样性的丧失已经威胁到人类的持续生存。

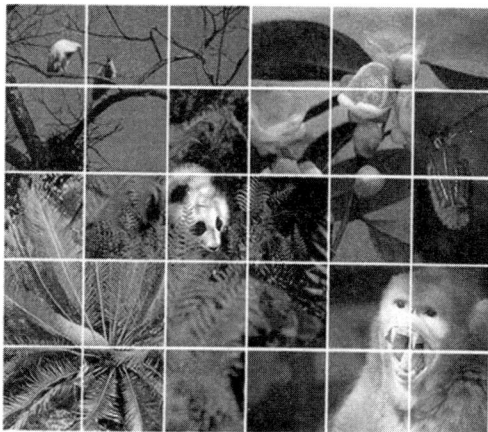

为了人类的生存和发展，必须充分认识生物多样性对人类的重要价值，减少人类活动

生物多样性

对生物多样性的破坏，在加强保护的前提下合理开发和持续利用生物多样性，这是关系到人类生存与发展的当务之急。中国既是生物多样性特别丰富的国家之一，又是生物多样性受到严重破坏的国家之一，对生物多样性的认识和保护尤为重要。下面将依次介绍生物多样性及生物多样性科学、生物多样性的价值、生物多样性下降及其原因、生物多样性保护现状及措施。

什么是生物多样性

生物多样性的概念，当今虽已被广泛使用于普通媒体和科学刊物，却还没有一个严格、统一的定义。1986 年，美国有关单位主办了一次生物多样性论坛。此后哈佛大学著名生物学家、生物多样性最早倡导者之一威尔逊于 1988 年将会议论文整理成里程碑式的巨著——《生物多样性》，首次正式提出"生物多样性"概念。经过修改和补充，现在被普遍接受的定义是：生物多样性是生物及其与环境形成的生态复合体以及与此相关的各种生态过程的总和，包括动物、植物、微生物和它们所拥有的基因以及它们与其生存环境形成的复杂的生态系统。生物多样性是生物进化的原因及结果。生物进化的历史证明，随着地球环境的变化，地球上将不断有新物种产生，也不断有不适应环境的物种被淘汰。因此，生物多样性是不断变化着的。

生物多样性等级

多样性是生命系统的基本特征，生命系统是一个等级系统，包括多个层次或水平——基因、细胞、组织、器官、种群、群落、生态系统、景观。每一个等级或层次都具有丰富的变化，即都存在多样性。但在理论与实践上较重要、研究较多的主要有遗传多样性（或称基因多样性）、物种多样性和生态系统多样性。

生态系统多样性

生态系统多样性是指生物圈内生境、生物群落和生态过程的多样性。（1）生境的多样性主要指无机环境，如地形、地貌、气候、水文等的多样性，生境多样性是生物群落多样性的基础。（2）生物群落的多样性主要是群落的组成、结构和功能的多样性。（3）生态过程的多样性是指生态系统组成、结构和功能在时间、空间上的变化。

物种多样性

物种多样性即物种水平上的生物多样性，指一定区域内物种的多样化及其变化。

遗传多样性

又称基因多样性，是指生物体内决定性状的遗传因子及其组合的多样性。

物种多样性在生物多样性体系中起着承上启下的联系和枢纽作用：物种既是生态系统的基石，又是基因的载体，任何一个特定个体的物种都保持着大量的遗传类型，是一个基因库。生态系统的多样性依赖于物种的多样性，物种的多样性又取决于基因的多样性，而生态系统多样性是物种多样性和遗传多样性的保证。遗传（基因）多样性和物种多样性是生物多样性研究的基础，生态系统多样性是生物多样性研究的重点。

生态环境对现代生活的影响

由于普遍缺乏对生态价值的认识，常常导致决策的失误，以破坏自然生

态系统为代价来获得短期或局部效益的掠夺性开发，带来的损失却是永久的，物种的消失和生态过程的改变，给人类造成了永久的、无法弥补的损失。由于食物链的作用，地球上每消失 1 种植物，往往有 10～30 种依附于这种植物的动物和微生物也随之消失，导致破坏性的连锁反应。每一物种的消失，减少了自然和人类适应变化条件的选择余地。生物多样性减少必将使人类生存环境恶化，限制人类生存与发展的选择。

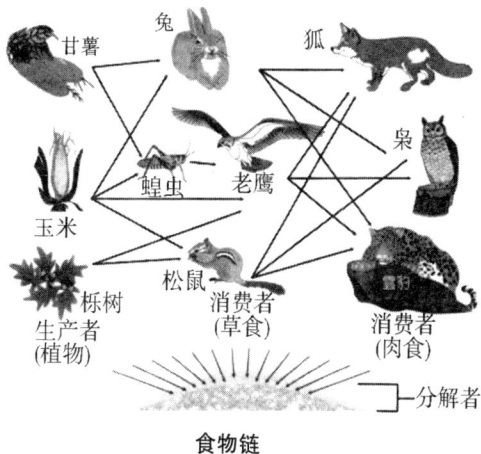

食物链

生态平衡关系到中国的生存与发展。中国是世界上人口最多，但人均资源占有量很低的国家，而且是 70% 左右的人口在农村的农业大国，对生物多样性具有很强的依赖性。中国是近年来经济发展速度最快的国家之一，这在很大程度上加剧了人口对环境特别是生物多样性的压力。如果不立即采取有效措施遏制这种恶化的态势，中国的可持续发展是不可能实现的，甚至会威胁到世界的发展与安全。

保护生物多样性就是保护生态环境，也就是保护人类自己。

知识点

中国的生物多样性

中国是世界上生物多样性最为丰富的国家之一，生物系统类型齐全，生物种类丰富，栽培物种的野生亲缘种类繁多。据统计，中国的生物多样性居世界第八位、北半球第一位。拥有陆地生态系统 599 个类型；有高等植物 32800 种，特有海岛高等植物 17300 种；脊椎动物 6300 多种，其中特有物种 667 个。中国还拥有众多被称为"活化石"的珍稀动植物，如大熊猫、白鳍豚、水杉、银杏等。共有家养动物类群 1900 多个，水稻品种

50000 多个，大豆品种 20000 个，经济树种 1000 种以上。这些多样的农作物、家畜品种及至今仍保有的野生原种和近缘种，构成中国巨大的遗传多样性资源库。

濒临灭绝的动植物

濒临灭绝的动物

一切自然物种及其群落都与所在地域的环境条件相适应，只要条件不变，就能长期生存，即使发生扩散或缩减，其历程也是缓慢和渐变的。人类活动的加剧，打破了这千古不变的平衡，导致物种灭绝。

森林的消失导致了动物的灭绝

1. 生活环境丧失、退化与破碎。人类能在短期内把山头削平、令河流改道，百年内使全球森林减少 50%，这种毁灭性的干预导致环境突变，导致许多物种失去相依为命、赖以为生的家——生境，沦落到灭绝的境地，而且这种事态仍在持续着。在濒临灭绝的脊椎动物中，有 67% 的物种遭受生境丧失、退化与破碎的威胁。

世界上 61 个热带国家中，已有 49 个国家的半壁江山失去野生环境，森林被砍伐、湿地被排干、草原被翻垦、珊瑚遭毁坏……亚洲尤为严重。孟加拉的 94%、香港的 97%、斯里兰卡的 83%、印度的 80% 的野生生境已不复存在。俗话说：树倒猢狲散。如果森林没有了，林栖的猴子与许多动物当然无"家"可归。"生态"一词原本就是来源于希腊文 ECO，即"家"、"住所"之意。

灭绝物种中，迁徙能力差的两栖爬行类及无处迁徙的岛屿种类更为明显，马达加斯加上的物种有85%为特有种，狐猴类就有60多种。1500年前人类登岛后，90%的原始森林消失，狐猴类动物仅剩下28种（包括神秘的、体形如猫的指猴）。大陆生境的片断化、岛屿化是近百年来日趋严重的事件，这不仅限制了动物的扩散、采食、繁殖，还增加了对生存的威胁，当某动物从甲地向乙地迁移时，被发现、被消灭的可能性就大大增加了。目前我国计划为大熊猫建的绿色走廊，就是为了解决这个问题。

2. 过度开发。在濒临灭绝的脊椎动物中，有37%的物种受到过度开发的威胁，许多野生动物因被作为"皮可穿、毛可用、肉可食、器官可入药"的开发利用对象而遭灭顶之灾。象的牙、犀的角、虎的皮、熊的胆、鸟的羽、海龟的蛋、海豹的油、藏羚羊的绒……更多更多的是野生动物的肉，无不成为人类待价而沽的商品。大肆捕杀地球上最大的动物——鲸，就是为了食用鲸油和生产宠物食品；残忍地捕鲨，这种已进化4亿年之久的软骨鱼类被割鳍后抛弃，只是为品尝鱼翅这道所谓的美食。人类正在为了满足自己的边际利益（时尚、炫耀、取乐、口腹之欲），而去剥夺野生动物的生命。对野生物种的商业性获取，结果往往是"商业性灭绝"。目前，全球每年的野生动物黑市交易额都在100亿美元以上，与军火、毒品并驾齐驱，销蚀着人类的良心，加重着世界的罪孽。北美旅鸽曾有几十亿只，是随处可见的鸟类，大群飞来时多得遮云蔽日。殖民者开发美洲100多年，就将这种鸟捕尽杀绝了。当1914年9月最后一只旅鸽死去，许多美国人感到震惊，眼看着这种曾多得不可胜数的动物竟在人类的开发利用下灭绝，他们为旅鸽树起纪念碑，碑文充满自责与忏悔："旅鸽，作为一个物种，因人类的贪婪和自私，灭绝了。"

北美旅鸽

3. 盲目引种。人类盲目引种对濒危、稀有脊椎动物的威胁程度达 19%，对岛屿物种则是致命的。公元 400 年，波利尼西亚人进入夏威夷，并引入鼠、犬、猪，使该地半数的鸟类（44 种）灭绝了。1778 年，欧洲人又带来了猫、马、牛、山羊，新种类的鼠及鸟病，加上砍伐森林、开垦土地，又使 17 种本地特有鸟灭绝了。人们引进猫鼬是为了对付以前错误引入的鼠类，不料，却将岛上不会飞的秧鸡吃绝了。15 世纪，欧洲人相继来到毛里求斯，1507 年葡萄牙人、1598 年荷兰人把这里作为航海的中转站，同时随意引入了猴和猪，使 8 种爬行动物、19 种本地鸟先后灭绝了，特别是渡渡鸟。在新西兰斯蒂芬岛，有一种该岛特有的异鹩，由于灯塔看守人带来 1 只猫，这位捕食者竟将岛上的全部异鹩消灭了。1894 年，斯蒂芬异鹩灭绝，1 只动物就灭绝了 1 个物种。

4. 环境污染。1962 年，美国的雷切尔·卡逊著的《寂静的春天》引起了全球对农药危害性的关注。人类为了经济目的，急功近利地向自然界施放有毒物质的行为不胜枚举：化工产品、汽车尾气、工业废水、有毒金属、原油泄漏、固体垃圾、去污剂、制冷剂、防腐剂、水体污染、酸雨、温室效应……甚至海洋中军事及船舶的噪音污染都在干扰着鲸类的通讯行为和取食能力。

科学家发现，对环境质量高度敏感的两栖爬行动物正在大范围消逝。温度的增高、紫外光的强化、栖息地的分割、化学物质的横溢，已使蝉噪蛙鸣成为儿时的记忆。与其他因素不同，污染对物种的影响是微妙的、积累的、慢性的，是致生物于死地的"软刀子"，危害程度与生境丧失不相上下。

爪哇犀牛

地球上许多最濒危动物，同样也是最了不起的。这里有一些大自然的超级明星，它们来自亚洲、美洲和其他地区，可能很快将不再会有。

1. 爪哇犀牛

栖息地：印度尼西亚和越南

剩余：少于 60 只

也许它们是地球上最最稀有的大型哺乳动物。它们珍贵的角是偷猎者的目标，它们栖息的森林被开发商开发，两者都是导致该物种灭绝的原因。

2. 墨西哥小头鼠海豚

栖息地：加利福尼亚湾

剩余：200～300 条

是世界上濒临灭绝的一个稀有鲸种，墨西哥小头鼠海豚本身的数量，和被渔网困住是其将要灭绝的主要原因。

墨西哥小头鼠海豚

克罗斯河大猩猩

3. 克罗斯河大猩猩

主要栖息地：尼日利亚和喀麦隆

剩余：不到 300 只

被认为在 20 世纪 80 年代已经灭绝的物种，现在仍有存活。猎杀它们并食用和因为发展而被挤出栖息地，致使它们可能不会存在很长时间。

4. 苏门答腊虎

栖息地：印度尼西亚的苏门答腊

剩余：少于 600 只

这种小老虎在苏门答腊生活已经有数百万年，但仍难以逃脱人类的扩张。目前，大多数幸存者被保护起来，但约 100 只仍然生活在保护区外的地方。

苏门答腊虎

金头猴

5. 金头猴

栖息地：越南

剩余：少于70只

2000年，这个灵长类动物开始被保护起来。尽管仍然处于严重危险之中，但其数量在2003年上升，为几十年来第一次。

黑脚雪貂

6. 黑脚雪貂

栖息地：北美大平原

剩余：1000只

美洲大陆上唯一的一种貂，属于鼬科，它们是最濒危的哺乳动物。在1986年，只剩下18只，但目前物种的数量正在回升。

婆罗洲侏儒象

7. 婆罗洲侏儒象

栖息地：北婆罗洲

剩余：1500只

短于亚洲象约20英寸（50厘米），且更加温顺。棕榈园的减少，使得它们生活在拥挤的空间。

8. 大熊猫

栖息地：中国、缅甸、越南

剩余：少于2000只

丧失和破碎的栖息地是导致大熊猫陷入危险状态的主要原因。圈养繁殖和物种保护的帮助希望能使大熊猫免遭灭绝。

大熊猫

9. 北极熊

栖息地：北极圈

剩余：少于25000只

长期的人类发展和偷猎威胁着北极熊的生存，但气候变化和海冰丧失目前正成为导致其减少的主要原因。

北极熊

10. 湄公河巨型鲶鱼

栖息地：东南亚湄公河区域

剩余：数百只

因其巨大的个头而特别珍贵（有史以来发现规模最大的是646英磅或293千克），现在在泰国、老挝和柬埔寨是受到保护的物种，但捕捞仍在继续。

湄公河巨型鲶鱼

濒临灭绝的植物

植物物种灭绝的主要原因是人类的破坏。

一是过度地利用。

第二个原因就是环境污染。著名的云南滇池，过去山清水秀，湖泊里有很多特有物种，比如海菜花，是水生植物，很漂亮，现在已经不复存在了。为什么呢？滇池里大量的被排放污染物质，富氧化程度很高，水浑浊、肮脏，原来清水里才能生长的海菜花就不复存在了。苏州河，原来鱼虾很多。后来大量的污染导致苏州河里除了微生物以外，几乎没有有生命的物质。

第三个原因是大型的工程建设造成了生态系统的破坏。比如长江流域的上游有很多珍稀的鱼类，但它们必须在水流和溪滩里才能存在，如果建了水电站或水库，水文条件改变了，水就改变了，这里的物种有些就要消灭了。我们还建了很多高速公路，建了很多大建筑群，生态环境变化了，有些物种也就灭绝了。

我国濒临灭绝的植物有：

1. 中国鸽子树——珙桐

珙桐，别名水梨子、鸽子树，属于蓝果树科，国家一级重点保护植物，是我国特产的单型属植物。分布于陕西镇坪、湖北神农架、兴山、湖南桑植、贵州松桃，梵净山、四川巫山、南川、平武、汶川、灌县、云南绥江等地的海拔 1250～2200 米的区域。

珙桐高约 10～20 米，树形高大挺拔，是一种很美丽的落叶乔木，世界上著名的观赏树种。每年 4～5 月间，珙桐树繁花盛开，它的头状花序下有 2 枚大小不等的白色苞片，呈长圆形或卵圆形，长 6～15 厘米，宽 3～8 厘米，如白绫裁成，美丽奇特，好像白鸽舒展双翅，而它的头状花序像白鸽的头，因此珙桐有

珙 桐

"中国鸽子树"的美称。珙桐树的木质结构细密，不易变形，切削容易，是木雕工艺的佳料。更重要的是，珙桐对研究古植物区系和系统发育均有重要的科学价值。珙桐树是 1869 年在我国发现的。因挖掘野生苗栽植及森林的砍伐破坏，目前数量较少，分布范围日益缩小，有被其他阔叶树种代替的危险。

2. 大树杜鹃

大树杜鹃是一种原始而古老的植物类型，于 1919 年在云南腾冲县境内的高黎贡山上海拔 2100～2400 米的原始森林中被首次发现，当时这株大树杜鹃年龄已超过 280 岁，树高达 25 米。

大树杜鹃是一种常绿大乔木，树高一般为 20～25 米，树茎部的最大直径达 3.3 米。褐色的树皮，剥落得左一片右一片，显得斑斑驳驳，饱经沧桑。小枝粗壮，上面被有短毛，叶子又厚又大，有椭圆形、长圆形和倒披针形等形状。叶子下面被毛，长大后逐渐脱落。每年 2～3 月开花，伞形花絮。花的颜色为蔷薇色中略微带紫的绚丽色彩，花萼为线裂的盘状，上面有小齿状裂

纹。雄蕊 16 枚，极不等长；子房 16 室，上面也被绒毛。到了 10 月，它就结出长圆柱的木质蒴果，上面有棱，被有深褐色的绒毛。

大树杜鹃在分类上隶属于双子叶植物纲、杜鹃花目、杜鹃花科。全世界杜鹃花科植物共有 1300 多种，遍布于全球各地，但以亚热带山区为最多。我国约有 700 多种，分布在全国各地，但以西南地区的山地森林中为多，所以这一地区被认为是世界杜鹃类植物的分布中心。杜鹃花不但位居我国三大著名自然野生名花——杜鹃花、报春花、龙胆花之首，也是当今世界上最著名的花卉之一，有"花中西方色"的美誉。在全世界 800 多个品种中，我国就有 650 多个。不同种类的

大树杜鹃

杜鹃高高矮矮相差很大，小的高不到 1 米，而大的如大树杜鹃，高达数十米。

由于大树杜鹃是如此的珍贵而稀少，所以被列为国家亚组合保护植物。

3. 野生荔枝

荔枝被誉为"水果皇后"。我国是荔枝的故乡，也是栽培荔枝最早的国家。野生荔枝主要分布于海南崖县、陵水、昌江、保亭、东方、琼中等县的坝王岭、猕猴岭、吊冒山、尖峰岭和广东雷州半岛的徐闻等地。

野生荔枝是一种常绿大乔木，最高可达 32 米，胸径 194 厘米，枝叶繁茂、生机盎然，树皮为棕褐色，并带有黄褐色的斑块；叶子为羽状复叶，互生，草质，椭圆状，全缘，上面为深绿色，下面粉绿色，嫩叶则呈浅褐色。呈聚伞圆锥花序，绿白色的花朵较小。果通常为椭圆形或椭圆状球形，成熟时果皮为暗红色，上面有小的瘤状体。种为椭圆形，种皮暗褐色，上面具有光泽，外面为白色的假种皮所包被。

我国人工培育的荔枝树一般只有 5～10 米高，树皮光滑，叶片会由红褐色变为暗绿色。花朵很小，淡绿中带几分白色，并不算鲜艳，但它的果实却

特别引人注目。每到丰收时节，累累果实挂满枝头，一穗穗，一串串，似翡翠，如玛瑙，让人垂涎欲滴。剥开果壳，里面就露出了肥胖的半透明的肉球，晶莹如雪，一滴滴地往外淌着甜水，吃上几颗，顿觉清凉酸甜，沁人心脾。

野生荔枝

荔枝具有丰富的营养，是一种高级滋补果品，还有养血、消肿、开胃、益脾的药用价值。它的木材也被列入特等商品用材，纵理交错，结构致密，材质坚硬而重，少开裂，切面光滑，具有光泽，抗腐性强，可供制作上等家具、高级建筑等。

野生荔枝在分类上隶属双子叶植物纲、无患子目、无患子科，被列为国家一级保护植物。

4. 水杉

在60多年前，所有的人都认为，水杉早已在地球上绝了种，只有通过古代地层中发掘的化石才能知道它的模样。

20世纪40年代初，我国学者于四川万县磨刀溪首次发现了几棵奇树，它们高达30多米，胸径7米多，根部庞大，树干笔直，苍劲参天，树龄已

水杉

有400多年。当时由于缺乏资料，未能做出鉴定。1941年以后的2年间，人们根据这种树的枝叶、花和种子标本进行研究鉴定，定名为水杉。这是水杉属的孑遗，为我国所独有。

水杉是杉科落叶乔木，高30～40米，主干挺拔，侧枝横伸，南北向、东西向交替着生主干，下长上短，层层舒展，宛如塔尖。线形而扁平的叶子，

分左右两侧着生在小枝上。叶子能够随季节更换而改变颜色：春天，叶色嫩绿；夏天，叶色翠绿，青绿可爱；秋天，叶色变黄，满峰披金；冬天，叶色变红，经霜更红，然后凋落。

水杉 2 月下旬开花，花为单性，雌雄同株，球球花单生，2 年生的枝顶或叶腋部，雄蕊约有 20 枚，交互对生。雌球花单生于 2 年生的顶部，花具短柄，由 22~28 枚苞鳞和珠鳞组成，也是交互对生，各有 5~9 个胚珠。受粉后生成近圆的球果。种子扁平成倒卵形。球果热时呈深褐色，成熟期为当年的 11 月。

水杉不但是珍贵的活化石、树中的佼佼者，而且它还有很强的生命力和广泛的适应性，生长迅速，是优良的绿色树种。它的经济价值很高，木材是紫红色的，既细密又轻软，是造船、建筑、造纸和制作家具、农具的好材料。

水杉在分类上隶属裸子植物门、松柏纲、杉科，是我国一级保护植物。

5. 望天树

望天树不仅是热带雨林中最高的树木，也是我国最高大的阔叶乔木。在我国主要分布于云南南部西双版纳的勐腊和东南部的河口、马关等县，以及广西西南部一带。

望天树是一种常绿大乔木，高度在 60 米以上，胸径一般在 1.3 米左右，最大可达 3 米。主干浑圆通直，从地面向上直至 30 多米高处连一个细小的分枝也没有。它的树皮为褐色或深褐色。常绿的叶子为草质，互生，呈卵状椭圆形或披针状椭圆形，前端急剧变尖或逐步变尖，基部为圆形或宽楔形。叶上有羽状的脉纹，近于平行。叶的背面脉序突起，还有许多又细又密的茸毛。

望天树

望天树多生长在海拔 350~1100 米之间的山地峡谷及两侧坡地上，分布区的面积仅有 20 平方千米。它的分布区位于热带季风气候区向南开口的河谷地区，全年都处于高温、高湿、静风、无霜的状态中。望天树喜欢生长在赤红壤、沙壤及石灰壤上，在云南有千果榄仁、番龙服等伴生，在广西有蚬木、顶果树、广西械、仕豆等树木伴生。

望天树的树干通直，木树性质优良，非常坚硬，加工性能也好，而且不怕腐蚀，不怕病虫侵害，是优良的用材树种，也是制造高级家具、乐器、桥梁等的理想材料。它的木材中还含有丰富的树胶，花中含有香料油，这些也都是重要的工业原料。

望天树在分类学上隶属双子叶植物纲、龙脑香料。由于望天树常常形成独立的群落类型和自然景观，所以可以看作热带雨林中的标志树种。望天树虽然高大，但结的果实却很少，再加上病虫害导致的落果现象十分严重，造成种子都落在地上，很快发芽或腐烂，寿命很短，不易采集，所以野外数量十分稀少，现已被列为国家一级保护植物。

6. 核桃

核桃又叫胡桃、羌桃，是一种很古老的栽培果树。核桃仁是著名的干果，与榛子、腰果、扁桃一起被誉为世界四大干果。我国不仅盛产核桃，而且是核桃的故乡。

胡 桃

核桃是胡桃科落叶乔木，高可达 30 米，树冠宽阔，枝叶繁茂。它的树皮为灰白色，但幼年时却是灰绿色，而且很光洁润滑，老年时则有很多浅浅的纵裂，小枝很粗。奇数羽状复叶，小叶 5～11 个，长椭圆形，全缘。初夏开花，花单性，雌雄同株，葇黄花序下垂。核果椭圆形或球形，表面有两条纵横，还布满了高高低低的花纹，种子富含油。

核桃产于我国黄河流域及其以南地区，喜欢阳光充足的疏林，温和、潮

湿的气候和深厚、疏松、肥沃、湿润的土壤，较耐寒冷和干旱，但不耐湿热和盐碱，也不耐庇荫，在郁闭度较高的林下，幼苗极小，生长较差。在天然分布区内，它们生长于海拔 1400～1700 米之间的中、低山带的阴坡下部或峡谷底部。

核桃自古以来，被视作难得的补品，除含大量脂肪、蛋白质等外，还含钙、磷、铁、碘、胡萝卜素、硫胺素、尼克酸和其他维生素，种仁、果隔、果皮、树叶都可作药用。中医学上用作温肺、补肾药，它性温味甘，主治虚寒喘咳、肾虚腰痛等症。除此之外，核桃木材质坚韧，光滑美观，不翘不裂，是很好的硬木材料，能做高级家具以及武器和交通工具等的木质部分。核桃树皮能提取栲胶，树皮和外果皮能提取单宁，树根可做染料，就连坚硬的碎果壳也能在工业上大显神通，用它制造的活性炭可以吸附各种有毒物质，是防毒面具中不可缺少的材料。

核桃在分类上属于双子叶植物纲、胡核目、胡材科，被列为我国一级保护植物。由于乱砍滥伐等人类经济活动的破坏，核桃的野生分布区的面积日渐缩小，已经处于濒临绝灭的境地。

7. 雪莲

天山位于我国西北边疆，海拔高度一般在 4000 米以上，主峰博格达峰高达 5445 米，山顶常年白雪皑皑，分外壮观。雪莲是天山的著名植物，喜生于高山陡岩、砾石和沙质潮湿处的雪山附近，故名雪莲。

雪莲属于多年生的草本植物，地面以上的植株很矮，仅有 15～24 厘米高。到了每年 7 月的开花季节，雪莲就在茎的顶端生出一个大而鲜艳的花盘，周围有淡黄色半球状大苞叶围成一圈。花朵的整体看上去就和水生的荷花差不多，在皑皑白雪的衬托下，更显得异常美丽动人。而当云雪笼罩之时，它又悄悄地合了起来。雪莲的花香袭人，顺风时香味可以飘到几十米远。开花之后不久的 8 月，雪莲就迅速地结出了长有纵肋的长圆形瘦果。它们有长长的根系，可充足地吸收养分和水分；它们身上的白色绒毛可防寒保温，还能反射高山强烈的紫外线，以减少对它们的损伤。

雪莲在高山严酷的条件下，生长非常缓慢，至少 4～5 年后才能开发结果。不过，由于生长期短，它能在较短的时间内迅速发芽、生长、开花和结果，这也是它们长期适应环境的结果。

天山雪莲

雪莲是一种名贵药材，它的整个植株晒干后都可以入药，中医认为雪莲性温，味微苦，具有散寒除湿、活血通经、强筋助阳、抗炎镇痛等功能，民间用以治疗肺寒咳嗽、肾虚腰痛、月经不调、麻疹不适、跌打损伤，以及风湿性关节炎、贫血、阳痿、高山不适应等疾病。

雪莲可以用种子繁殖，但种子成熟时，高寒地区已经开始下雪，给采集种子带来麻烦，而且雪莲种子的发芽率低、繁殖不易、生长缓慢，人工栽培较难。

植物学界正研究进行人工繁殖，以获得各种有用的产品。

8. 夏腊梅

夏腊梅的分布区极为狭窄，仅分布于浙江省临安县西部一带。

夏蜡梅属于落叶灌木，高度在 1~3 米。树上有大枝和小枝，大枝呈二歧状，小枝则相对而生。一年生的嫩枝是黄绿色的，到了第二年就变成了灰褐色，冬天时树芽被叶柄的基部所包裹。树叶呈椭圆形，单叶对生，全缘，无托叶夏腊梅的叶子在每年的10月下旬即开始陆续脱落，一直到第二年的3月下旬至4月上旬才又重新生长。

夏腊梅

夏腊梅是腊梅中比较特殊的一个种群，与其家族中的大多数成员不同，到每年5月中下旬的初夏季节才开放花朵。夏腊梅的花一般先叶而开放，单独生长于嫩枝的顶端，花朵洁白硕大，花为单生，两性，花萼呈花瓣状，花被片为多数，雄蕊18~19枚，着生于肉质花托顶部，花丝极短；心皮为多数，离生，着生于壶形花托内，子房

上位，每室 1 至 2 胚珠。夏腊梅的花期也很长，花朵一直持续开放到 6 月上旬才逐渐凋谢。9 月下旬至 10 月上旬是果实成熟的季节，每个聚合果都有一个近顶端收缩的像小编钟一样的果托，里面盛有一个瘦瘦的椭圆形褐色果实，扁平或有棱，挂满枝头，随风摇曳，成为珍贵的观赏树木。

夏腊梅喜爱生长于海拔 600～1100 米的山坡或溪谷中的亚热带局部常绿阔叶林或常绿、落叶阔叶混交林下，它属于较为耐阴的树种，适宜凉爽而湿润的气候，在强烈的阳光下会生长不良，甚至枯萎，它也不耐干旱与瘠薄，但比较耐寒，特别喜欢生长在有较多山间溪流的以甜槠、木荷、钱青柳等为优势种的山谷林地中。

夏腊梅在分类上隶属于双子叶植物纲、腊梅科。它的花大而美丽，具有较高的观赏价值，被列为国家一级保护植物。由于森林砍伐，生境渐趋恶化，分布区日渐缩小，因此必须进一步加强保护工作，以免使它陷入濒危状态。

知识点

中国濒危动植物现状

中国的物种受威胁或灭绝现象较严重，这是由于人为破坏和其他多种原因加速了动、植物种群的灭绝。据估计，全世界濒危脊椎动物（除两栖、鱼类外）有 510 种，我国占 91 种，我国已经基本灭绝的珍稀野生动物有高鼻羚羊、犀牛、豚鹿、长臂叶猴、白鹤、黄腹角雉、新疆虎、麋鹿、野马。大熊猫、长臂猿、坡鹿、东北虎、华南虎、白鳍豚、儒艮、扬子鳄、野驼、懒猴、金丝猴、雪豹、朱鹮、黑颈鹤、鲟、野象、叶猴等种类分布区显著缩小，种群数量稀少，已属濒危物种。我国高等植物中有 4000～5000 种受到威胁，占总种数的 15%～20%，高于世界 10%～15% 的水平；约 20% 的野生动物的生存受到严重威胁。中国被子植物有珍稀濒危种 1000 种，极危种 28 种，已灭绝或可能灭绝 7 种；裸子植物濒危和受威胁种 63 种，极危种 14 种，灭绝 1 种；脊椎动物受威胁种 433 种，灭绝和可能灭绝种 10 种。

与现代生活息息相关的水资源

YU XIANDAI SHENGHUO XIXIXIANGGUAN DE SHUIZIYUAN

　　水是人类及一切生物赖以生存的必不可少的重要物质，是工农业生产、经济发展和环境改善不可替代的极为宝贵的自然资源。地球上目前和近期人类可直接或间接利用的水，是自然资源的一个重要组成部分。天然水资源包括河川径流、地下水、积雪、冰川、湖泊水、沼泽水、海水，按水质可划分为淡水和咸水。随着科学技术的发展，被人类所利用的水增多，例如海水淡化，人工催化降水，南极大陆冰的利用等。由于气候条件变化，各种水资源的时空分布不均，天然水资源量不等于可利用水量，往往采用修筑水库和地下水库来调蓄水源，或采用回收和处理的办法利用工业和生活污水，扩大水资源的利用。从全球范围讲，水是连接所有生态系统的纽带，自然生态系统既能控制水的流动又能不断促使水的净化和循环。因此水在自然环境中，对于生物和人类的生存来说具有决定性的意义。

什么是水资源

水是自然资源的重要组成部分，是所有生物的结构组成和生命活动的主要物质基础。从全球范围讲，水是连接所有生态系统的纽带，自然生态系统既能控制水的流动又能不断促使水的净化和循环。因此水在自然环境中，对于生物和人类的生存来说具有决定性的意义。

地球上的水资源，从广义来说，是指水圈内水量的总体。

海水是咸水，不能直接饮用，所以通常所说的水资源主要是指陆地上的淡水资源，如河流水、淡水、湖泊水、地下水和冰川等。陆地上的淡水资源只占地球上水体总量的2.53%左右，其中近70%是固体冰川，即分布在两极地区和中、低纬度地区的高山冰川，还很难加以利用。目前人类比较容易利用的淡水资源，主要是河流水、淡水湖泊水以及浅层地下水，储量约占全球淡水总储量的0.3%，只占全球总储水量的7/100000。据研究，从水循环的观点来看，全世界真正有效利用的淡水资源每年约有9000立方千米。

地球上水的体积大约有13.6亿立方千米，其中海洋占了13.2亿立方千米（约97.2%）；冰川和冰盖占了2500万立方千米（约1.8%）；地下水占了1300万立方千米（约0.9%）；湖泊、内陆海和河里的淡水占了25万立方千米（约0.02%）；大气中的水蒸气在任何已知的时候都占了1.3万立方千米（约0.001%）。也就是说，真正可以被利用的水源还不到1%。

水资源

水和水体是两个不同的概念。纯净的水是由H_2O分子组成，而水体则含有多种物质，其中包括悬浮物、水生生物以及基底等。水体实际上是指地表被水覆盖地段的自然综合体，包括河流、湖泊、沼泽、水库、冰川、地下水和海洋等。水资源与人类的关系非常密切，人类把水作为维持生命的源泉，人类在历史发展中总是向有水的地方集聚，并开展经济活动。随着社会的发展、技术的进步，人类对水的依赖程度越来越大。

水资源是世界上分布最广、数量最大的资源。水覆盖着地球表面70%以上的面积，总量达15亿立方千米，也是世界上开发利用得最多的资源。现在人类每年消耗的水资源数量远远超过其他任何资源，全世界用水量每年达3万亿吨。

地球上水资源的分布很不均匀，各地的降水量和径流量差异很大。全球约有1/3的陆地少雨干旱，而另一些地区在多雨季节易发生洪涝灾害。例如在我国，长江流域及其以南地区，水资源占全国的82%以上，耕地占36%，水多地少；长江以北地区，耕地占64%，水资源不足18%，地多水少。其中粮食增产潜力最大的黄淮海流域的耕地占全国的41.8%，而水资源不到5.7%。

→→→ 知识点

冰 川

冰川（或称冰河）是指大量冰块堆积形成如同河川般的地理景观。在终年冰封的高山或两极地区，多年的积雪经重力或冰河之间的压力，沿斜坡向下滑形成冰川。受重力作用而移动的冰河称为山岳冰河或谷冰河，而受冰河之间的压力作用而移动的则称为大陆冰河或冰帽。两极地区的冰川又名大陆冰川，覆盖范围较广，是冰河时期遗留下来的。冰川是地球上最大的淡水资源，也是地球上继海洋以后最大的天然水库。

▌▌水资源的利用和供需矛盾

我国水资源总量少于巴西、俄罗斯、加拿大、美国和印度尼西亚，居世界第六位。若按人均水资源占有量这一指标来衡量，则仅占世界平均水平的

1/4，排名在第 110 名之后。缺水状况在我国普遍存在，而且有不断加剧的趋势。全国约 670 个城市中，一半以上存在着不同程度的缺水现象，其中严重缺水的有 110 多个。

我国水资源总量虽然较多，但人均量并不丰富。水资源的特点是地区分布不均，水土资源组合不平衡；年内分配集中，年际变化大；连丰连枯年份比较突出；河流的泥沙淤积严重。这些特点造成了我国容易发生水旱灾害，水的供需矛盾加大，这也决定了我国对水资源的开发利用、江河整治的任务十分艰巨。

城市中水资源的利用

我国地表水年均径流总量约为 2.7 万亿立方米，相当于全球陆地径流总量的 5.5%，占世界第五位，低于巴西、俄罗斯、加拿大和美国。我国还有年平均融水量近 500 亿立方米的冰川，约 8000 亿立方米的地下水及近 500 万立方千米的近海海水。目前我国可供利用的水量年约 1.1 万亿立方米，而 1980 年我国实际用水总量已达 5075 亿立方米，占可利用水资源的 46%。

新中国成立以来，我国在水资源的开发利用、江河整治及防治水害方面都做了大量的工作，取得较大的成绩。

在城市供水上，目前全国已有 300 多个城市建起了供水系统。自来水日供水能力为 4000 万吨，年供水量 100 多亿立方米；城市工矿企业、事业单位自备水源的日供水能力总计为 6000 多万吨，年供水量 170 亿立方米；在 7400 多个建制镇中有 28% 建立了供水设备，日供水能力约 800 万吨，年供水量 29 亿立方米。

农田灌溉方面，全国现有农田灌溉面积近 7.2 亿亩，林地果园和牧草灌溉面积约 0.3 亿亩。有灌溉设施的农田占全国耕地面积的 48%，但它生产的粮食却占全国粮食总产量的 74%。

防洪方面，全国现有堤防 20 万多千米，保护着耕地 5 亿亩和大、中城市

100多个。现有大、中、小型水库8万多座，总库容4400多亿立方米，控制流域面积约150万平方千米。

水力发电方面，我国水电装机近3000万千瓦，在电力总装机中的比重约为29%，在发电量中的比重约为20%。

然而，随着工业和城市的迅速发展，需水量不断增加，供水紧张的局面仍在持续。据1984年196个缺水城市的统计，日缺水量合计达1400万立方米，水资源的保证程度已成为某些地区经济开发的主要制约因素。

水资源的供需矛盾，既受水资源数量、质量、分布规律及其开发条件等自然因素的影响，同时也受各部门对水资源需求的社会经济因素的制约。

我国水资源总量不算少，而人均占有水资源量却很贫乏，只有世界人均值的1/4（我国人均占有地表水资源约2700立方米，居世界第88位）。按人均占有水资源量比较，加拿大为我国的48倍、巴西为16倍、印度尼西亚为9倍、俄罗斯为6倍、美国为5倍，而且也低于日本、墨西哥、法国、澳大利亚等国家。

我国水资源南多北少，地区分布差异很大。黄河流域的年径流量只占全国年径流总量的约2%，为长江水量的6%左右。在全国年径流总量中，淮海河、滦河及辽河三流域只分别约占2%、1%及0.6%。黄河、淮海河、滦河、辽河四流域的人均水量分别仅为我国人均值的26%、15%、11.5%、21%。

随着人口的增长，工农业生产的不断发展，造成了水资源供需矛盾的日益加剧。从20世纪初，到70年代中期，全世界农业用水量增长了7倍，工业用水量增长了21倍。我国用水量增长也很快，至70年代末期全国总用水量为4700亿立方米，为建国初期的4.7倍。其中城市生活用水量比建国初期增长8倍，而工业用水量（包括火电）比建国初期增长22倍。北京市70年代末期城市用水和工业用水量，均为建国初期的40多倍；河北、河南、山东、安徽等省的城市用水量，到70年代末期都比建国初期增长几十倍，有的甚至超过100倍。因而水资源的供需矛盾就异常突出。

由于水资源供需矛盾日益尖锐，产生了许多不利的影响。1. 对工农业生产影响很大，例如1981年，大连市由于缺水而造成工业产值损失6亿元。在我国15亿亩耕地中，尚有8.3亿亩是没有灌溉设施的干旱地，另有14亿亩的

缺水草场。全国每年有3亿亩农田受旱。西北农牧区尚有4000万人口和3000万头牲畜饮水困难。2. 对群众生活和工作造成不便，有些城市的楼房供水不足或经常断水，有的缺水城市不得不采取定时、限量供水，造成人民生活困难。3. 超量开采地下水，引起地下水位持续下降，水资源枯竭，在27座主要城市中有24座城市出现了地下水降落漏斗。

谈谈水污染

污水中的酸、碱、氧化剂，以及铜、镉、汞、砷等化合物，苯、酚、二氯乙烷、乙二醇等有机毒物，会毒死水生生物，影响饮用水源、风景区景观。污水中的有机物被微生物分解时消耗水中的溶解氧，影响鱼类等水生生物的生命，水中溶解氧耗尽后，有机物进行厌氧分解，产生硫化氢、硫醇等难闻气体，使水质进一步恶化。还会因石油漂浮水面，影响水生生物的生命，引起火灾。

人类的活动会使大量的工业、农业和生活废弃物排入水中，使水受到污染。目前，全世界每年有4200多亿立方米的污水排入江河湖海，污染了5.5万亿立方米的淡水，这相当于全球径流总量的14%以上。

1984年颁布的《中华人民共和国水污染防治法》中为"水污染"下了明确的定义，即水体因某种物质的介入，而导致其化学、物理、生物或者放射性等方面特征的改变，从而影响水的有效利用，危害人体健康或者破坏生态环境，造成水质恶化的现象称为水污染。

城市中的水污染

废水从不同角度有不同的分类方法。据不同来源分为生活废水和工业废水两大类；据污染物的化学类别又可分为无机废水与有机废水；也有按工业部门或产生废水的生产工艺分类的，分为焦化废水、冶金废水、制药废水、食品废水等。

污染物主要有：1. 未经处理而排放的工业废水；2. 未经处理而排放的生活污水；3. 大量使用化肥、农药、除草剂的农田污水；4. 堆放在河边的工业废弃物和生活垃圾；5. 森林砍伐，水土流失；6. 过度开采，矿山污水。

水污染——全球性重大课题

随着工业进步和社会发展，水污染日趋严重，成了世界性的头号环境治理难题。

早在18世纪，英国由于只注重工业发展，而忽视了水资源保护，大量的工业废水、废渣倾入江河，造成泰晤士河污染，基本丧失了利用价值。因此制约了经济的发展，同时也影响到人们的健康、生存。经过百余年治理，投资5亿多英镑，直到20世纪70年代，泰晤士河水质才得到改善。

19世纪初，德国莱茵河也发生严重污染，德国政府为此颁布严格的法律和投入大量资金致力于水资源保护，经过数十年的不懈努力，在莱茵河流经的国家及欧盟共同合作治理下，才使莱茵河碧水畅流，达到饮用水标准。

近些年，水质恶化也困扰着美国人。一直以来，纽约市民以当地的自来水质纯美而自豪，其他州的面包商甚至特地使用纽约市自来水来生产货真价实的纽约圈饼。约十年前，寄生虫侵入密尔沃基供水系统，造成100人死亡，40万人致病后，水质问题备受关注，如今纽约市民每天生活在饮水不净的威胁下。1998年，当时的美国总统克林顿宣布了一项投资23亿美元的清洁水行动计划，治理美国已40%受污染的水域。

虽然人们已经认识到污染江河湖泊等天然水资源的恶果，并着手进行治理，但毕竟巨大的损失已经酿成，为时晚矣。

我国的水污染

我国有82%的人饮用浅井和江河水，其中水质污染严重、细菌超过卫生标准的占75%，受到有机物污染的饮用水人口约1.6亿。长期以来，人们一直认为自来水是安全卫生的。但是，因为水污染，如今的自来水已不能算是卫生的了。一项调查显示，在全世界自来水中，测出的化学污染物有2221种之多，其中有些被确认为致癌物或促癌物。从自来水的饮用标准看，我国尚处于较低水平，自来水目前仅能采用沉淀、过滤、加氯消毒等方法，将江河水或地下水简单加工成可饮用水。自来水加氯可有效杀除病菌，同时也会产生较多的卤代烃化合物，这些含氯有机物的含量成倍增加，是人类患各种胃肠癌的最大根源。目前，城市污染的成分十分复杂，受污染的水域中除重金属外，还含有甚多农药、化肥、洗涤剂等有害残留物。即使是把自来水煮沸了，上述残留物仍驱之不去，而煮沸水中增加了有害物的浓度，降低了有益于人体健康的溶解氧的含量，而且也使亚硝酸盐与三氯甲烷等致癌物增加，因此，饮用开水的安全系数也是不高的。据最新资料透露，目前我国主要大城市只有23%的居民饮用水符合卫生标准，小城镇和农村饮用水合格率更低。水污染防治是当务之急，为此应加大水污染监控力度，设立供水水源地保护区。

▶▶▶ 知识点

水 质

水质是水体质量的简称。它标志着水体的物理（如色度、浊度、嗅味等）、化学（无机物和有机物的含量）和生物（细菌、微生物、浮游生物、底栖生物）的特性及其组成的状况。为评价水体质量的状况，它规定了一系列水质参数和水质标准。如生活饮用水、工业用水和渔业用水等水质标准。

水体污染物一览

凡使水体的水质、生物质、底质质量恶化的各种物质均可称为水体污染物或水污染物。根据对环境污染危害的情况不同，可将水污染物分为以下几个类别：固体污染物、生物污染物、需氧有机污染物、富营养性污染物、感官污染物、酸碱盐类污染物、有毒污染物、油类污染物、热污染物等。

固体污染物

固体物质在水中有 3 种存在形态：溶解态、胶体态、悬浮态。在水质分析中，常用一定孔径的滤膜过滤的方法将固体微粒分为两部分：被滤膜截留的悬浮固体和透过滤膜的溶解性固体；二者合称总固体。这时，一部分胶体包括在悬浮物内，另一部分包括在溶解性固体内。

悬浮物在水体中沉淀后，会淤塞河道，危害水体底栖生物的繁殖，影响渔业生产。灌溉时，悬浮物会阻塞土壤的孔隙，不利于作物生长。大量悬浮物的存在，还干扰废水处理和回收设备的工作。在废水处理中，通常采用筛滤、沉淀等方法使悬浮物与废水分离而除去。

水中的溶解性固体主要是盐类，亦包括其他溶解的污染物。含盐量高的废水，对农业和渔业生产有不良影响。

固体污染物

生物污染物

生物污染物是指废水中的致病微生物及其他有害的生物体。主要包括病毒、病菌、寄生虫卵等各种致病体。此外，废水中若生长有铁菌、硫菌、藻类、水草及贝壳类动物时，会堵塞管道、腐蚀金属及恶化水质，也属于生物污染物。

生物污染物主要来自城市生活废水、医院废水、垃圾及地面径流等方面。病原微生物的水污染危害历史最久，至今仍是危害人类健康和生命的重要水污染类型。洁净的天然水一般含细菌是很少的，病原微生物就更少。受病原微生物污染后的水体，微生物激增，其中许多是致病菌、病虫卵和病毒，它们往往与其他细菌和大肠杆菌共存，所以通常规定用细菌总数和菌指数为病原微生物污染的间接指标。

自来水中的生物污染物

病原微生物的特点是：数量大、分布广、存活时间较长、繁殖速度很快、易产生抗药性，很难消灭。因此，此类污染物实际上通过多种途径进入人体，并在体内生存，一旦条件适合，就会引起人体疾病。

需氧有机污染物

废水中能通过生物化学和化学作用而消耗水中溶解氧的物质，统称为需氧污染物。绝大多数的需氧污染物是有机物，无机物主要有 Fe、Fe^{2+}、S_2、CN 等，仅占很少量的部分。因而，在水污染控制中，一般情况下需氧物即指有机物。

天然水中的有机物一般指天然的腐殖物质及水生生物的生命活动产物。生活废水、食品加工和造纸等工业废水中，含有大量的有机物，如碳水化合物、蛋白质、油脂、木质素、纤维素等。有机物的共同特点是这些物质直接进入水体后，通过微生物的生物化学作用而分解为简单的无机物质——二氧化碳和水，在分解过程中需要消耗水中的溶解氧，而在缺氧条件下污染物就会发生腐败分解、恶化水质，因此常称这些有机物为需氧有机物。水体中需氧有机物越多，耗氧也越多，水质也越差，说明水体污染越严重。在一给定的水体中，大量有机物质能导致氧的近似完全的消耗，很明显对于那些需氧的生物来说，要生存是不可能的，鱼类和浮游动物在这种环境下就会死亡。

需氧有机污染物

需氧有机物常出现在生活废水及部分工业废水中，如有机合成原料、有机酸碱、油脂类、高分子化合物、表面活性剂、生活废水等。它的来源多，排放量大，所以污染范围广。

富营养性污染物

营养性污染物是指可引起水体富营养化的物质，主要是指氮、磷等元素，其他尚有钾、硫等。此外，可生化降解的有机物、维生素类物质、热污染等也能触发或促进富营养化过程。

从农作物生长的角度看，植物营养物是宝贵的物质，但过多的营养物质进入天然水体，将使水质恶化，影响渔业的发展和危害人体健康。一般来说，水中氮和磷的浓度分别超过0.2毫克/升和0.02毫克/升，会促使藻类等绿色植物大量繁殖，在流动缓慢的水域聚集而形成大片的水华（在湖泊、水库）或赤潮（在海洋）；而藻类的死亡和腐化又会引起水中溶解氧的大量减少，使水质恶化、鱼类等水生生物死亡；严重时，由于某些植物及其残骸的淤塞，会导致湖泊逐渐消亡。这就是水体的营养性污染（又称富营养化）。

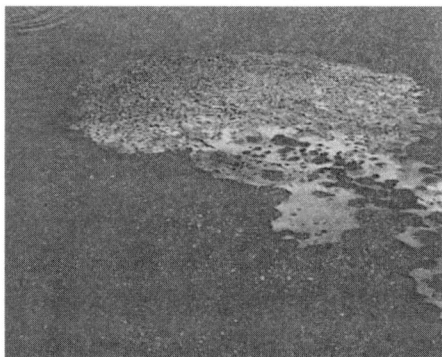

富营养性污染物

水中营养物质的来源，主要来自化肥。施入农田的化肥只有一部分为农作物所吸收，其余绝大部分被农田排水和地表径流携带至地下水和河、湖中。其次，营养物来自于人、畜、禽的粪便及含磷洗涤剂。此外，食品厂、印染厂、化肥厂、染料厂、洗毛厂、制革厂、炸药厂等排出的废水中均含有大量氮、磷等营养元素。

感官污染物

废水中能引起异色、浑浊、泡沫、恶臭等现象的物质，虽无严重危害，但能引起人们感官上的极度不快，被称为感官性污染物。对于供游览和文体活动的水体而言，感官性污染物的危害则较大。

异色、浑浊的废水主要来源于印染厂、纺织厂、造纸厂、焦化厂、煤气厂等。恶臭废水主要来源于炼油厂、石化厂、橡胶厂、制药厂、屠宰厂、皮革厂。当废水中含有表面活性物质时，在流动和曝气过程中将产生泡沫，如造纸废水、纺织废水等。

感官性污染物——江面漂浮的垃圾

各类水质标准中，对色度、嗅味、浊度、漂浮物等指标都作了相应的规定。

酸、碱、盐类污染物

酸、碱、盐污染物

酸碱污染物主要是由工业废水排放的酸碱以及酸雨带来的。酸碱污染物使水体的 pH 值发生变化，破坏自然缓冲作用，消灭或抑制细菌及微生物的生长，妨碍水体自净，使水质恶化、土壤酸化或盐碱化。

各种生物都有自己的 pH 适应范围，超过该范围，就会影响其生存。对渔业水体而言，pH 值不得低于 6 或高于 9.2，当 pH 值为 5.5 时，一些鱼类就不能生存或繁殖率下降。农业灌溉用水的 pH 值应为 4.5 ~

8.5。此外酸性废水也会对金属和混凝土材料造成腐蚀。

酸与碱往往同时进入同一水体，从 pH 值角度看，酸、碱污染因中和作用而自净了，但会产生各种盐类，又成了水体的新污染物。无机盐的增加能提高水的渗透压，对淡水生物、植物生长都有影响。在盐碱化地区，地面水、地下水中的盐将进一步危害土壤质量，酸、碱、盐污染造成的水的硬度的增长在某些地质条件下非常显著。

有毒污染物

废水中能对生物引起毒性反应的物质，称为有毒污染物，简称为毒物。工业上使用的有毒化学物已经超过 12000 种，而且以每年 500 种的速度递增。毒物可引起生物急性中毒或慢性中毒，其毒性的大小与毒物的种类、浓度、作用时间、环境条件（温度、pH 值、溶解氧浓度等）、有机体的种类及健康状况等因素有关。大量有毒物质排入水体，不仅危及鱼类等水生生物的生存，而且许多有毒物质能在食物链中逐级转移、浓缩，最后进入人体，危害人的健康。

废水中的毒物可分为无机毒物、有机毒物和放射性物质等 3 类。

1. **无机毒物**：包括金属和非金属两类。金属毒物主要为重金属（汞、镉、镍、锌、铜、锰、钴、钛、钒等）及轻金属铍。非金属毒物有砷、硒、氰化物、氟化物、硫化物、亚硝酸盐等。砷、硒因其危害特性与重金属相近，故在环境科学中常将其列入重金属范畴。重金属不能被生物所降解，其毒性以离子态存在时最为严重，故常称其为重金属离子毒物。重金属能被生物富集于体内，有时还可被生物转化为毒性更大的物质（如无机汞被转化为烷基汞），是危害特别大的一类污染物。

有毒污染物

2. 有机毒物：这类毒物大多是人工合成有机物，难以被生化降解，毒性很大。在环境污染中具有重要意义的有机毒物包括有机农药、多氯联苯、稠环芳香烃、芳香胺类、杂环化合物、酚类、腈类等。许多有机毒物因其"三致效应"（致畸、致突变、致癌）和蓄积作用而引起人们格外的关注。以有机氯农药为例，首先其具有很强的化学稳定性，在自然环境中的半衰期为十几年到几十年；其次它们都可通过食物链在人体内富集，危害人体健康。如DDT能蓄积于鱼脂中，浓度是水体中的12500倍。

3. 放射性物质：放射性是指原子核衰变而释放射线的物质属性。废水中的放射性物质主要来自铀、镭等放射性金属的生产和使用过程，如核试验、核燃料再处理、原料冶炼厂等。其浓度一般较低，主要会引起慢性辐射和后期效应，如诱发癌症，对孕妇和婴儿产生损伤，引起遗传性伤害等。

油类污染物

油类污染物包括矿物油和动植物油。它们均难溶于水，在水中常以粗分散的可浮油和细分散的乳化油等形式存在。

油污染是水体污染的重要类型之一，特别是在河口、近海水域更为突出。主要是工业排放、海上采油、石油运输船只的清洗船舱及油船意外事故的流出等造成的。漂浮在水面上的油形成一层薄膜，影响大气中氧的溶入，从而影响鱼类的生存和水体的自净作用，也干扰某些水处理设施的正常运行。油脂类污染物还能

油类污染物

附着于土壤颗粒表面和动植物体表，影响养分的吸收和废物的排出。

热污染

废水温度过高而引起的危害，叫做热污染。热污染的主要危害有以下

热污染

几点：

1. 由于水温升高，使水体溶解氧浓度降低，大气中的氧向水体传递的速率也减慢；另外，水温升高会导致生物耗氧速度加快，促使水体中的溶解氧更快被耗尽，水质迅速恶化，造成异色和水生生物因缺氧而死亡。

2. 水温升高会加快藻类繁殖，从而加快水体富营养化进程。

3. 水温升高可导致水体中的化学反应加快，使水体的物理化学性质如离子浓度、电导率、腐蚀性发生变化，从而引起管道和容器的腐蚀。

4. 水温升高会加速细菌的生长繁殖，增加后续水处理的费用。

水污染的危害

一般人都知道水污染物会危害人体健康，但究竟水污染有哪些种类，不同的水污染对人体健康的危害有何不同，并不甚明了。

受污染的水环境危害人类健康，应引起高度关注。生物性污染主要会导致一些传染病，饮用不洁水可引起伤寒、霍乱、细菌性痢疾、甲型肝炎等传染性疾病。此外，人们在不洁水中活动，水中病原体亦可经皮肤、黏膜侵入机体，如血吸虫病、钩端螺旋体病等。目前血吸虫病尚未得到控制的地区主要集中在

水污染严重影响了人们的生活

长江流域的湖南、湖北、江西、安徽、江苏、四川、云南 7 省的 110 个县（市、区），生活在病区的人口约 6000 万。重病区主要是江汉平原、洞庭湖区、鄱阳湖区、沿长江的江（湖、洲）滩地区，以及四川、云南的部分山区。血吸虫病区约有 1100 多万人饮水不安全，其中急需新建或改造饮水工程的地区的人口有 220 多万。

物理性和化学性污染会致人体遗传物质突变，诱发肿瘤和造成胎儿畸形。被污染的水中如含有丙烯腈，会致人体遗传物质突变；水中如含有砷、镍、铬等无机物和亚硝胺等有机污染物，可诱发肿瘤；甲基汞等污染物可通过母体干扰正常胚胎发育过程，使胚胎发育异常而出现先天性畸形。

随着工业废水、城乡生活污水的排放量加大和农药、化肥用量的不断增加，许多农村饮用水源受到污染，水中污染物含量严重超标。过去饮用水水质超标大多表现在感观和细菌学指标方面，现在则是越来越多的化学甚至毒理学指标超标。由于水质恶化，直接饮用地表水和浅层地下水的农村居民饮水质量和卫生状况难以保障。目前，我国农村约有 1.9 亿人饮用水有害物质含量超标，高氟水、高砷水和苦咸水等饮水问题十分

生活中的水污染

突出，对群众生命健康造成很大危害。饮水问题不仅导致疾病流行，有的地方还因此暴发伤寒、副伤寒以及霍乱等重大传染病，个别地区癌症发病率居高不下。如安徽省奎濉河上游水污染严重，造成河道两岸 25 万人饮水困难；坐落于淮河最大的支流——沙颍河畔的河南省沈丘县周营乡黄孟营村，由于长期饮用被严重污染了的水，死亡率明显偏高。高氟水主要分布在华北、西北、东北和黄淮海平原地区。据调查，目前全国农村有 6300 多万人饮用水含氟量超过生活饮用水卫生标准。长期饮用高氟水，轻者形成氟斑牙，重者造成骨质疏松、骨变形，甚至瘫痪，丧失劳动能力。因饮用高氟水而引起的这

些病症使用药物治疗一般无明显效果，往往给家庭带来沉重负担，致使家庭贫困。在氟病区，由于氟斑牙、桶圈腿、驼背病屡屡发生，直接影响青少年入学、参军、就业和婚嫁。有的地方村民身高只有 0.8～1.4 米，出现了"矮子村"，村民承受着生理和心理的巨大痛苦。近几年，内蒙古、山西、新疆、宁夏和吉林等地新发现饮用高砷水致病的问题，受影响人口约 200 万。长期饮用砷超标的水，造成砷中毒，可导致皮肤癌和多种内脏器官癌变。苦咸水主要分布在北方和东部沿海地区。农村饮用苦咸水的人口有 3800 多万人。苦咸水口感苦涩，很难直接饮用，长期饮用会导致胃肠功能紊乱，免疫力低下。

▶ 知识点

天然水评价指标

天然水评价指标一般为色、嗅、味、透明度、水温、矿化度、总硬度、氧化－还原电位、pH 值、生化需氧量和化学需氧量等。天然水中的大气降水水质与当地的气象条件和降水淋溶的大气颗粒物的化学成分有关；地表水水质与径流流程中的岩石、土壤和植被有关；地下水水质主要与含水层岩石的化学成分和补给区的地质条件有关。

▮▮ 治理水污染

目前，人们已意识到不能以破坏生态环境来发展经济，这样的代价太大了。我国已提出社会经济可持续发展和保护人民的身体健康的战略，对整治水域污染采取了一系列强有力的措施。我们决不能再走先污染后治理的老路，为了拥有洁净的水环境，保护水资源，当从现在做起。

我国水环境的前景令人担忧。

多年来，我国水资源质量不断下降，水环境持续恶化，由于污染所导致的缺水和事故不断发生，不仅使工厂停产、农业减产甚至绝收，而且造成了不良的社会影响和较大的经济损失，严重地威胁了社会的可持续发展，威胁

了人类的生存。我国的七大水系以污染程度大小进行排序，其结果为：辽河、海河、淮河、黄河、松花江、长江。综合考虑我国地表水资源质量现状，符合《地面水环境质量标准》的Ⅰ、Ⅱ类标准的只占32.2%（河段统计），符合Ⅲ类标准的占28.9%，符合Ⅳ、Ⅴ类标准的占38.9%。如果将Ⅲ类标准也作为污染统计，则

污水处理

我国河流长度有67.8%被污染，约占监测河流长度的2/3，可见我国地表水资源污染非常严重。

我国地表水资源污染严重，地下水资源污染也不容乐观。

我国北方五省区和海河流域地下水资源，无论是农村（包括牧区）还是城市，浅层水或深层水均遭到不同程度的污染，局部地区（主要是城市周围、排污河两侧及污水灌区）和部分城市的地下水污染比较严重，污染呈上升趋势。

具体而言，根据北方五省区（新疆、甘肃、青海、宁夏、内蒙古）1995年地下水监测井点的水质资料显示，按照《地下水质量标准》（GB/T14848 - 93）进行评价，结果表明，在69个城市中，Ⅰ类水质的城市不存在；Ⅱ类水质的城市只有10个，只占14.5%；Ⅲ类水质的城市有22个，占31.9%；Ⅳ、Ⅵ类水质的城市有37个，占53.6%，这说明有1/2以上城市的地下水污染严重。至于海河流域，地下水污染更是令人触目惊心，2015眼地下水监测井点的水质监测资料表明，符合Ⅰ～Ⅲ类水质标准仅有443眼，占评价总数的22.0%，符合Ⅳ和Ⅵ类水质标准有880和629眼，分别占评价总井数的43.7%和34.3%，即有78%的地下水遭到污染。如果用饮用水卫生标准进行评价，在评价的总井数中，仅有328眼井水质符合生活标准，只占评价总数的31.2%，另外2/3以上的井水质不符合生活饮用卫生标准。

面对严峻的缺水、水污染问题，我们应积极行动起来，珍惜每一滴水，采取节水技术、防治水污染、植树造林等多种措施，合理利用和保护水资源。

保护大气层
BAOHU DAQICENG

大气层又叫大气圈，地球就是被这一层很厚的大气层包围着。大气层的成分主要有氮气，占78.1%；另外氧气占20.9%，氩气占0.93%，还有少量的二氧化碳、稀有气体（氦气、氖气、氩气、氪气、氙气、氡气）和水蒸气。大气层组分是不稳定的，无论是自然灾害，还是人为影响，都会使大气中出现新的物质，或某种成分的含量超出自然状态下的平均值，或某种成分含量减少，这些将会影响生物的正常发育和生长，给人类造成危害，这是环境保护工作者应研究的主要问题。

人类的活动使地球大气圈中的CO_2含量明显增加，每年通过煤和石油的燃烧产生的CO_2总量为6.2×10^9吨，相当于现今大气圈中CO_2含量的1/250。温室效应的增长，臭氧层的破坏，一系列生态环境的恶化，对人类的生存环境提出了严重的挑战。"全球变化——地圈和生物圈十年"计划已成为当代科学研究的焦点，全世界的科学家将为人类生存环境的演化和预测提出科学对策。

大气层的概念

大气层（atmosphere）又叫大气圈，地球就被这一层很厚的大气层包围着。大气层的成分主要有氮气，占78.1%；另外氧气占20.9%，氢气占0.93%，还有少量的二氧化碳、稀有气体（氦气、氖气、氩气、氪气、氙气、氡气）和水蒸气。大气层的空气密度随高度而减小，越高空气越稀薄。大气层的厚度在1000千米以上，但没有明显的界线。整个大气层随高度不同表现出不同的特点，分为对流层、平流层、中间层、暖层和散逸层，再上面就是星际空间了。

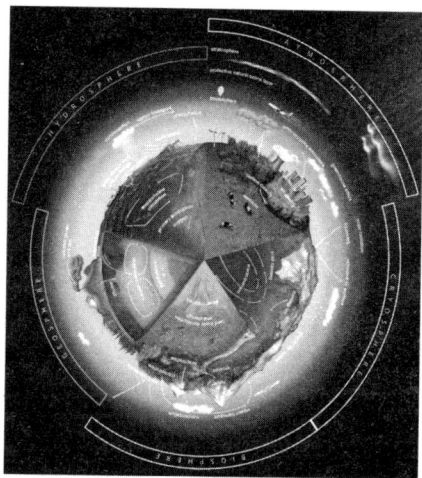

大气圈

对流层在大气层的最底层，紧靠地球表面，其厚度大约为10~20千米。对流层的大气受地球影响较大，云、雾、雨等现象都发生在这一层内，水蒸气也几乎都在这一层内存在。这一层的气温随高度的增加而降低，大约每升高1000米，温度下降5~6℃。动、植物的生存，人类的绝大部分活动，也在这一层内。因为这一层的空气对流很明显，故称对流层。对流层以上是平流层，大约距地球表面20~50千米。平流层的空气比较稳定，大气是平稳流动的，故称为平流层。在平流层内水蒸气和尘埃很少，并且在30千米以下是同温层，其温度在−55℃左右。平流层以上是中间层，大约距地球表面50~85千米，这里的空气已经很稀薄，突出的特征是气温随高度增加而迅速降低，空气的垂直对流强烈。中间层以上是暖层，大约距地球表面100~800千米。暖层最突出的特征是当太阳光照射时，太阳光中的紫外线被该层中的氧原子大量吸收，因此温度升高，故称暖层。散逸层在暖层之上，为带电粒子所组成。

除此之外，还有 2 个特殊的层，即臭氧层和电离层。臭氧层距地面 20～30 千米，实际介于对流层和平流层之间。这一层主要是由于氧分子受太阳光的紫外线的光化作用造成的，使氧分子变成了臭氧。电离层很厚，大约距地球表面 80 千米以上。电离层是高空中的气体，被太阳光的紫外线照射，电离层带电荷的正离子和负离子及部分自由电子形成的。电离层对电磁波影响很大，我们可以利用电磁短波能被电离层反射回地面的特点，来实现电磁波的远距离通讯。

在地球引力作用下，大量气体聚集在地球周围，形成数千千米的大气层。气体密度随离地面高度的增加而变得愈来愈稀薄。探空火箭在 3000 千米高空仍发现有稀薄大气，所以有人认为，大气层的上界可能延伸到离地面 6400 千米左右。据科学家估算，大气质量约 6000 万亿吨，差不多占地球总质量的 1/1000000。

▶▶▶ 知识点

臭 氧

臭氧是氧的同素异形体，在常温下，它是一种有特殊臭味的蓝色气体。臭氧主要存在于距地球表面 20 千米的同温层下部的臭氧层中。它吸收对人体有害的短波紫外线，防止其到达地球。大气中臭氧层对地球生物的保护作用现已广为人知——它吸收太阳释放出来的绝大部分紫外线，使动植物免遭这种射线的危害。为了弥补日渐稀薄的臭氧层乃至臭氧层空洞，人们想尽一切办法，比如推广使用无氟制冷剂，以减少氟利昂等物质对臭氧的破坏。世界上还为此专门设立国际保护臭氧层日。由此给人的印象似乎是受到保护的臭氧应该越多越好，其实不是这样，如果大气中的臭氧，尤其是地面附近的大气中的臭氧聚集过多，对人类来说反而是个祸害。臭氧也是一种温室气体，能够导致更严重的温室效应。

什么是大气污染

按照国际标准化组织（ISO）的定义，"大气污染通常是指由于人类活动或自然过程引起某些物质进入大气中，呈现出足够的浓度，达到足够的时间，并因此危害了人体的舒适、健康和福利或环境的现象"。

凡是能使空气质量变坏的物质都是大气污染物。大气污染物目前已知有100多种。有自然因素（如森林火灾、火山爆发等）和人为因素（如工业废气、生活燃煤、汽车尾气、核爆炸等）两种，且以后者为主，主要是由工业生产和交通运输所造成的。主要过程由污染源排放、大气传播、人与物受害这3个环节所构成。影响大气污染范围和强度的因素有污染物的性质（物理的和化学的），污染源的性质（源强、源高、源内温度、排气速率等），气象条件（风向、风速、温度层结等），地表性质（地形起伏、粗糙度、地面覆盖物等）。防治方法很多，根本途径是改革生产工艺，综合利用，将污染物消灭在生产过程之中；全面规划，合理布局，减少居民稠密区的污染；在高污染区，限制交通流量；选择合适厂址，设计恰当烟囱高度，减少地面污染；在最不利的气象条件下，采取措施，控制污染物的排放量。中国已制订《中华人民共和国环境保护法（试行）》，并制订国家地区的"废气排放标准"，以减轻大气污染，保护人民健康。按其存在状态可分为两大类。一种是气溶胶状态污染物，另一种是气体状态污染物。气溶胶状态污染物主要有粉尘、烟液滴、雾、降尘、飘尘、悬浮物等。气体状态污染物主要有以二氧化硫为主的硫氧化合物，以二氧化氮为主的氮氧化合物，以二氧化碳为主的碳氧化合物以及碳、氢结合的碳氢化合物。大气中不仅含无机污染物，而且含有机污染物。随着人类不断开发新的物质，大气污染物的种类和数量也在不断变化着，如今南极和北极的动物竟然也受到了大气污染的影响。

形成大气污染的原因

　　大气中有害物质的浓度越高，污染就越重，危害也就越大。污染物在大气中的浓度，除了取决于排放的总量外，还同排放源高度、气象和地形等因素有关。

　　污染物一进入大气，就会稀释扩散。风越大，大气湍流越强，大气越不稳定，污染物的稀释扩散就越快；相反，污染物的稀释扩散就慢。在后一种情况下，特别是在出现逆温层时，污染物往往可积聚到很高浓度，造成严重的大气污染事件。降水降雪虽可对大气起净化作用，但因污染物随雨、雪降落，大气污染会转变为水体污染和土壤污染。

　　地形或地面状况复杂的地区，会形成局部地区的热力环流，如山区的山谷风、滨海地区的海陆风以及城市的热岛效应等，都会对该地区的大气污染状况产生影响。

　　烟气运行时，碰到高的丘陵和山地，在迎风面会发生下沉作用，引起附近地区的污染。烟气如越过丘陵，在背风面出现涡流，污染物聚集，也会形成严重污染。在山间谷地和盆地地区，烟气不易扩散，常在谷地和坡地上回旋。特别在背风坡，气流做螺旋运动，污染物最易聚集，浓度就更高。夜间，由于谷底平静，冷空气下沉，暖空气上升，易出现逆温，整个谷地在逆温层覆盖下，烟云弥漫，经久不散，易形成严重污染。

　　位于沿海和沿湖的城市，白天烟气随着海风和湖风运行，在陆地上易形成"污染带"。

　　早期的大气污染，一般发生在城市、工业区等局部地区，在一个较短的时间内大气中污染物浓度显著增高，使人或动、植物受到伤害。20 世纪 60 年代以来，一些国家采取了控制措施，减少污染物排放或采用高烟囱使污染物扩散，大气的污染情况有所减轻。

　　高烟囱排放虽可降低污染物的近地面浓度，但是把污染物扩散到更大的区域，从而可造成远离污染源的广大区域的大气污染。大气层核试验的放射

性降落物和火山喷发的火山灰可广泛分布在大气层中，造成全球性的大气污染。

➡️ **知识点**

热岛效应

热岛效应是一个地区的气温高于周围地区的现象。用两个代表性测点的气温差值（即热岛强度）表示。城市人口密集、工厂及车辆排热、居民生活用能的释放、城市建筑结构及下垫面特性的综合影响等是其产生的主要原因。热岛强度有明显的日变化和季节变化。城市热岛可影响近地层温度层结，并达到一定高度。城市全天以不稳定层结为主，而乡村夜晚多逆温。水平温差的存在使城市暖空气上升，到一定高度向四周辐散，而附近乡村气流下沉，并沿地面向城市辐射，形成热岛环流，称为"乡村风"，这种流场在夜间尤为明显。城市热岛还在一定程度上影响城市空气湿度、云量和降水。对植物的影响则表现为提早发芽和开花、推迟落叶和休眠。

▮▮ 酸 雨

被大气中存在的酸性气体污染，pH 值小于 5.65 的酸性降水叫酸雨。酸雨主要是人为地向大气中排放大量酸性物质造成的。我国的酸雨主要是因大量燃烧含硫量高的煤而形成的，此外，各种机动车排放的尾气也是形成酸雨的重要原因。近年来，我国一些地区已经成为酸雨多发区，酸雨污染的范围和程度已经引起人们的密切关注。什

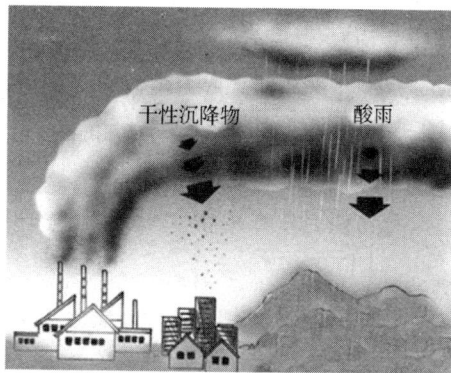

干性沉降物　酸雨

酸 雨

么是酸？纯水是中性的，没有味道。柠檬水、橙汁有酸味，醋的酸味较大，它们都是弱酸。小苏打水有略涩的碱性，虽显碱性但属于盐类。而苛性钠水就涩涩的，碱味较大，苛性钠是碱。科学家发现酸味大小与水溶液中氢离子浓度有关；而碱味与水溶液中羟基离子浓度有关。然后建立了一个指标：氢离子浓度对数的负值，叫 pH 值。于是，纯水（蒸馏水）的 pH 值为 7，酸性越大，pH 值越低；碱性越大，pH 值越高（pH 值一般为 0～14）。未被污染的雨雪是中性的，pH 值近于 7；当它为大气中二氧化碳饱和时，略呈酸性（水和二氧化碳结合为碳酸），pH 值为 5.65。pH 值小于 5.65 的雨叫酸雨；pH 值小于 5.65 的雪叫酸雪；在高空或高山（如峨眉山）上弥漫的雾，pH 值小于 5.65 时叫酸雾。

检验水的酸碱度一般可以用几个工具：石蕊试剂、酚酞试液、pH 值试纸（精确率高，能检验 pH 值）、pH 值计（能测出更精确的 pH 值）。

酸雨的成因

酸雨的成因是一种复杂的大气化学和大气物理的现象。酸雨中含有多种无机酸和有机酸，绝大部分是硫酸和硝酸。工业生产、民用生活燃烧煤炭排放出来的二氧化硫，燃烧石油以及汽车尾气排放出来的氮氧化物，经过"云内成雨过程"，即水汽凝结在硫酸根、硝酸根等凝结核上，发生液相氧化反应，形成硫酸雨滴和硝酸雨滴；又经过"云下冲刷过程"，即含酸雨滴在下降过程中不断合并吸附、冲刷其他含酸雨滴和含酸气体，形成较大雨滴，最后降落在地面上，形成了酸雨。由于我国多燃煤，所以酸雨多为硫酸型酸雨。而多燃石油的国家下的是硝酸雨。酸雨多成于化石燃料的燃烧。

酸雨的危害

硫和氮是营养元素。弱酸性降水可溶解地面中矿物质，供植物吸收。如酸度过高，pH 值降到 5.6 以下时，就会产生严重危害。它可以直接使大片森林死亡，农作物枯萎；也会抑制土壤中有机物的分解和氮的固定，淋洗与土壤离子结合的钙、镁、钾等营养元素，使土壤贫瘠化；还可使湖泊、河流酸化，并溶解土壤和水体底泥中的重金属进入水中，毒害鱼类；更会加速建筑

物和文物古迹的腐蚀和风化过程；甚至危及人体健康。

酸性雨水的影响在欧洲和美国东北部最明显，而且被大力宣传。受威胁的地区还包括加拿大，也许还有美国的加利福尼亚州塞拉地区、洛基山脉以及中国。酸雨影响的程度是一个争论不休的主题。对湖泊和河流中水生物的危害是人们最初注意力的焦点，但现在已认识到，对建筑物、桥梁和设备的危害是酸雨的另一些代价高昂的后果。污染空气对人体健康的影响是最难以定量的。

受到最大危害的是那些缓冲能力很差的湖泊。当有天然碱性缓冲剂存在时，酸雨中的酸性化合物（主要是硫酸、硝酸和少量有机酸）就会被中和。然而，处于花岗岩（酸性）地层上的湖泊容易受到直接危害，因为雨水中的酸能溶解铝和锰这些金属离子，从而引起植物和藻类生长量的减少，而且在某些湖泊中，还会引起鱼类种群的衰败或消失。这种污染形式引起的对植物的危害，包括从对叶片的有害影响直到对细根系的破坏。

在美国东北部地区，减少污染物的主要考虑对象是那些燃烧高含硫量的煤发电厂。能防止污染物排放的化学洗气器是可能的补救办法之一。化学洗气器是一种用来处理废气，或溶解、或沉

酸雨过后寸草不生

淀、或消除污染物的设备。催化剂能使固定源和移动源的氮氧化物排放量减少，是化学在改善空气质量方面能起作用的另一个实例。

知识点

工业革命

工业革命，又称产业革命，指资本主义工业化的早期历程，即资本主义

生产完成了从工场手工业向机器大工业过渡的阶段。是以机器生产逐步取代手工劳动，以大规模工厂化生产取代个体工场手工生产的一场生产与科技革命，后来又扩充到其他行业。

地球温室效应

温室效应，又称"花房效应"，是大气保温效应的俗称。大气能使太阳短波辐射到达地面，但地表向外放出的长波热辐射线却被大气吸收，这样就使地表与低层大气温度增高，因其作用类似于栽培农作物的温室，故名温室效应。自工业革命以来，人类向大气中排入的二氧化碳等吸热性强的温室气体逐年增加，大气的温室效应也随之增强，已引起全球气候变暖等一系列严重问题，引起了全世界各国的关注。

由环境污染引起的温室效应是指地球表面变热的现象。

温室效应是怎么来的？我们能做什么？

温室效应主要是由于现代化工业社会过多燃烧煤炭、石油和天然气，这些燃料燃烧后放出大量的二氧化碳气体进入大气造成的。

二氧化碳气体具有吸热和隔热的功能。它在大气中增多的结果致使形成

全球温室效应

一种无形的玻璃罩，使太阳辐射到地球上的热量无法向外层空间发散，其结果是使地球表面变热起来。因此，二氧化碳也被称为温室气体。

温室气体能有效地吸收地球表面、大气本身相同气体和云所发射出的红外辐射。大气辐射向所有方向发射，包括向下方的地球表面的放射。温室气体则将热量捕获于地面对流层系统之内，这被称为"自然温室效应"。在对流层中，温度一般随高度的增加而降低。从某一

高度射向空间的红外辐射一般产生于平均温度在－19℃的高度，并通过吸收太阳辐射来平衡，从而使地球表面的温度能保持在平均15℃。温室气体浓度的增加导致大气对红外辐射不透明性能力的增强，从而引起由温度较低、高度较高处向空间发射有效辐射。这就造成了一种辐射强迫，这种不平衡只能通过地面对流层系统温度的升高来补偿，这就是"增强的温室效应"。

温室效应的特点

温室有两个特点：温度较室外高，不散热。生活中我们可以见到的玻璃育花房和蔬菜大棚就是典型的温室。使用玻璃或透明塑料薄膜来做温室，是让太阳光能够直接照射进温室，加热室内空气，而玻璃或透明塑料薄膜又可以不让室内的热空气向外散发，使室内的温度保持高于外界的状态，以提供有利于植物快速生长的条件。

温室效应的后果

温室效应对环境的影响：

1. 气候转变——"全球变暖"

温室气体浓度的增加会减少红外线辐射放射到太空外，地球的气候因此需要转变来使吸取和释放辐射的分量达至新的平衡。这转变可包括"全球性"的地球表面及大气低层变暖，因为这样可以将过剩的辐射排放出外。虽然如此，地球表面温度的少许上升可能会引发其他的变动，例如大气层云量及环流的转变。当中某些转变可使地面变暖加剧（正反馈），某些则可令变暖过程减慢（负反馈）。

利用复杂的气候模式，"政府间气候变化专门委员会"在第三份评估报告中估计全球的地面平均气温会在2100年上升1.4～5.8℃。这预计已考虑到大气层中悬浮粒子倾于对地球气候降温的效应与及海洋吸收热能的作用（海洋有较大的热容量）。但是，还有很多未确定的因素会影响这个推算结果，例如未来温室气体排放量的预计、对气候转变的各种反馈过程和海洋吸热的幅度等等。

2. 地球上的病虫害增加

温室效应可使史前致命病毒威胁人类。

美国科学家近日发出警告，由于全球气温上升令北极冰层溶化，被冰封十几万年的史前致命病毒可能会重见天日，导致全球陷入疫症恐慌，使人类生命受到严重威胁。

纽约锡拉丘兹大学的科学家在最新一期《科学家杂志》中指出，早前他们发现一种植物病毒TOMV，由于该病毒在大气中广泛扩散，推断在北极冰层也有其踪迹。于是研究人员从格陵兰抽取4块年龄500年～14万年的冰块，结果在冰层中发现TOMV病毒。研究人员指该病毒表层被坚固的蛋白质包围，因此可在逆境生存。

这项新发现令研究人员相信，一系列的流行性感冒、小儿麻痹症和天花等疫症病毒可能藏在冰块深处，目前人类对这些原始病毒没有抵抗能力，当全球气温上升令冰层溶化时，这些埋藏在冰层千年或更长的病毒便可能会复活，形成疫症。科学家表示，虽然他们不知道这些病毒的生存条件，或者其再次适应地面环境的机会，但肯定不能抹杀病毒卷土重来的可能性。

3. 海平面上升

假若"全球变暖"正在发生，有两种过程会导致海平面升高：（1）海水受热膨胀令水平面上升。（2）冰川和格陵兰及南极洲上的冰块溶解使海洋水分增加。预计至2100年，地球的平均海平面上升幅度介乎0.09～0.88米之间。

全球暖化使南北极的冰层迅速融化，海平面不断上升。世界银行的一份报告显示，即使海平面只小幅上升1米，也足以导致5600万发展中国家人民沦为难民。而全球第一个被海水淹没的有人居住岛屿即将产生——位于南太平洋国家巴布亚新几内亚的岛屿卡特瑞岛，目前岛上主要道路水深及腰，农地也全变成烂泥巴地。

4. 气候反常，海洋风暴增多

5. 土地干旱，沙漠化面积增大

温室效应对人类生活的潜在影响：

1. 对经济的影响——全球有超过1/2人口居住在沿海100千米的范围以内，其中大部分住在海港附近的城市区域。所以，海平面的显著上升对沿岸低洼地区及海岛会造成严重的经济损害，例如加速沿岸沙滩被海水冲蚀、地

下淡水被上升的海水推向更远的内陆地方。

2. 对农业的影响——实验证明在二氧化碳高浓度的环境下，植物会生长得更快速和高大。"全球变暖"的结果会影响大气环流，继而改变全球的雨量分布及各大洲表面土壤的含水量。因未能清楚了解"全球变暖"对各地区气候的影响，以致对植物生态所产生的转变亦未能确定。

3. 对海洋生态的影响——沿岸沼泽地区消失肯定会令鱼类，尤其是贝壳类的数量减少。河口水质变咸会减少淡水鱼的品种数目，相反该地区海洋鱼类的品种可能相对增多。至于整体海洋生态所受的影响仍未能清楚知道。

4. 对水循环的影响——全球降雨量可能会增加。但是，地区性降雨量的改变则仍未知道。某些地区可能有更多雨量，但有些地区的雨量可能会减少。此外，温度的升高会增加水分的蒸发，这对地面上水源的运用带来压力。

科学家预测，如果地球表面温度的升高按现在的速度继续发展，到2050年，全球温度将上升 2~4℃，南北极的冰山将大幅度融化，导致海平面大大上升，一些岛屿国家和沿海城市将淹于水中，其中包括几个著名的国际大城市：纽约、上海、东京和悉尼。

温室效应的其他相关影响：

1. 农地积水导致疟疾肆虐

穿着传统服饰向来乐天知命的卡特瑞岛人，几百年来遗世独立，始终保持着传统生活模式，但却因人类对环境的破坏造成全球暖化，他们的家乡将面临被海水淹没的命运。卡特瑞岛环保人士保罗塔巴锡说："他们已经持续被海洋力量攻击，还有持续不断的洪水，原有的地区都被改变了，被破坏殆尽，几乎所有的地方都被海水淹没了。"

不堪的是，招致蚊子、苍蝇丛生，疟疾肆虐。

专家预测，过不了几年，卡特瑞岛将被完全淹没在海里，全岛居民迁村撤离势在必行。

2. 亚马孙雨林逐渐消失

位于南美洲、全世界面积最大的热带雨林——亚马孙雨林正渐渐消失，让全球暖化危机雪上加霜。

号称"地球之肺"的亚马孙雨林涵盖了地球表面5%的面积，制造了全世界20%的氧气及30%的生物物种，由于遭到盗伐和滥垦，亚马孙雨林正以每年7700平方英里（1平方英里=2.59平方千米）的面积消退，相当于一个美国新泽西州的大小，雨林的消退除了会让全球暖化加剧之外，更让许多只能够生存在雨林内的生物，面临灭种的危机。在过去的40年，雨林已经消失了两成。

3. 新的冰川期来临

全球暖化还有个非常严重的后果，就是导致冰川期的来临。

南极冰盖的融化导致大量淡水注入海洋，海水浓度降低。"大洋输送带"因此而逐渐停止：暖流不能到达寒冷海域；寒流不能到达温暖海域。全球温度降低，另一个冰河时代将会来临。北半球大部分被冰封，一阵接着一阵的暴风雪和龙卷风将横扫大陆。

最终可能会造成恐龙时代的再次降临！

知识点

太阳总辐射

经过大气削弱之后到达地面的太阳直接辐射和散射辐射之和称为太阳总辐射。就全球平均而言，太阳总辐射只占到达大气上界太阳辐射的45%。总辐射量随纬度升高而减小，随高度升高而增大。一天内太阳辐射中午前后最大，夜间为0；一年内太阳辐射夏大冬小。太阳辐射能在可见光线、红外线和紫外线中分别占50%、43%和7%，即集中于短波波段，故又将太阳辐射称为短波辐射。

地球臭氧层空洞

臭氧层空洞是大气平流层中臭氧浓度大量减少的空域。臭氧层是大气平流层中臭氧浓度最大处，是地球的一个保护层，太阳紫外线辐射大部分被其吸收。臭氧在大气中从地面到70千米的高空都有分布，其最大浓度在中纬度

24 千米的高空，向极地缓慢降低，最小浓度在极地 17 千米的高空。20 世纪 50 年代末到 70 年代，有关专家就发现臭氧浓度有减少的趋势。1985 年，英国南极考察队在南纬 60°地区观测发现臭氧层空洞，引起世界各国极大关注。臭氧层的臭氧浓度减少，使得太阳对地球表面的紫外线辐射量增加，对生态环境产生

大量二氧化碳的排放导致全球变暖

破坏作用，影响人类和其他生物有机体的正常生存。关于臭氧层空洞的形成，占主导地位的意见是人类活动化学假说：人类大量使用的氯氟烷烃化学物质（如制冷剂、发泡剂、清洗剂等）在大气对流层中不易分解，当其进入平流层后受到强烈紫外线照射，分解产生氯游离基，游离基同臭氧发生化学反应，使臭氧浓度减少，从而造成臭氧层的严重破坏。为此，于 1987 年在世界范围内签订了限量生产和使用氯氟烷烃等物质的蒙特利尔协定。另外还有太阳活动说等说法，认为南极臭氧层空洞是一种自然现象。关于臭氧层空洞的成因，尚待进一步研究。

南极臭氧空洞的面积到 2008 年 9 月第二个星期就已达 2700 万平方千米，而 2007 年的臭氧空洞面积只有 2500 万平方千米。2000 年，南极上空的臭氧空洞面积达创纪录的 2800 万平方千米，相当于 4 个澳大利亚。

科学家认为，2008 年臭氧空洞面积较小的主要原因在于气候，而不是因为破坏臭氧层的化学气体排放减少。英国南极考察科学家阿兰·罗杰说，2008 年南极上空臭氧空洞缩小在历史纪录上应被看做是个别现象。因此，臭氧层空洞面积有可能进一步扩大。

臭氧层空洞成因

对南极臭氧洞形成原因的解释有 3 种，即大气化学过程解释、太阳活动影响和大气动力学解释。1. 大气化学过程解释，认为臭氧层中可以产生某种

大气化学反应，将 3 个氧原子含量的臭氧（O_3）分解为分子氧（O_2）和原子氧（O），从而破坏了臭氧层。2. 太阳活动影响解释，认为在太阳活动峰年（即太阳活动强烈的时期）前后，宇宙射线明显增强，促使双电子氮化物（如 NO_2）与 O_3 发生化学反应，使得奇电子氮化物（如 NO_3）增加，O_3 转换为 O_2。3. 大气动力学解释认为，初春，极夜结束，太阳辐射加热空气，产生上升运动，将对流层臭氧浓度低的空气输入平流层，使得平流层臭氧含量减小，容易出现臭氧洞。

一般认为，在人为因素中，工业上大量使用氟利昂气体是破坏臭氧层的主要原因之一。通常，氟利昂是比较稳定的物质，然而，当它被大气环流带到平流层（16～30 千米）时，由于受太阳紫外线的照射，容易形成游离的氯离子。这些氯离子非常活泼，容易与臭氧起化学反应，把臭氧（O_3）变成氧分子（O_2）和氧原子（O），从而使臭氧总量减少，形成了臭氧洞。本来，在离地 20～30 千米的大气层内，是臭氧集中分布的地带，被称作臭氧层，太阳辐射透过这层大气时，大量的臭氧吸收了波长较短的紫外线辐射（0.20～0.30 微米波段），从而大大减弱了到达地面太阳辐射中的紫外线强度。

然而，若臭氧层的臭氧含量大大减少，则吸收太阳紫外线辐射的能力减弱，到达地面的太阳辐射强度会增大。从医学上来说，波长较短的紫外线辐射杀伤能力最大，能杀死细胞，破坏生物细胞内的遗传物质，如染色体、脱氧核糖核酸等，严重时会导致生物的遗传病，产生突变体，导致人类的皮肤癌。强烈的紫外线还可以穿透海洋 10～30 米，使海洋浮游植物的初级生产力降低 3/4 左右，抑制浮游动物生长。人们一旦了解了臭氧洞的危害和形成原因，相信会对臭氧洞演变的预测和防止提出新的理论和方法。

臭氧层内在各地分布不均匀，世界三极地区即南极、北极和青藏高原气候寒冷，臭氧层微薄。某处臭氧层中臭氧含量的减少等于在屋顶上开了天窗，如果减少到正常值的 50% 以上，人们形象地说这是个臭氧洞。臭氧洞可以用一个三维的结构来描述，即臭氧洞的面积、深度及延续时间。2000 年 9 月 3 日，南极上空的臭氧层空洞面积达到 2830 平方千米，超出中国面积两倍以上，相当于美国领土面积的 3 倍，是迄今观测到的最大的臭氧层洞。南极是一个非常寒冷的地区，终年被冰雪覆盖，四周环绕着海洋。1985 年，英国科

学家法尔曼等人在南极哈雷湾观测站发现：1977～1984年期间，每到春天南极上空的臭氧浓度就会减少约30%，有近95%的臭氧被破坏。1985年前，南极臭氧洞的大小和深度，大约以两年为消长周期。近年臭氧洞的深度和面积等仍在继续扩展。

大气污染的危害

大气污染的危害主要有以下几个方面。

（一）对人体健康的危害——人需要呼吸空气以维持生命。一个成年人每天呼吸两万多次，吸入空气达15～20立方米。因此，被污染了的空气对人体健康有直接的影响。

大气污染物对人体的危害是多方面的，主要表现是呼吸道疾病与生理机能障碍，以及眼、鼻等黏膜组织受到刺激而患病。

比如，1952年12月5日～8日英国伦敦发生的煤烟雾事件死亡4000人，人们把这个灾难的烟雾称为"杀人的烟雾"。据分析，这是因为那几天伦敦无风有雾，工厂烟囱和居民取暖排出的废气烟尘弥漫在伦敦市区经久不散，烟尘最高浓度达4.46毫克/米^3，二氧化硫的日平均浓度竟达到3.83毫升/米^3。二氧化硫经过某种化学反应，生成硫酸液沫附着在烟尘上或凝聚在雾滴上，随呼吸进入人体器官，使人发病或加速慢性病患者的死亡。

由上例可知，大气中污染物的浓度很高时，会造成急性污染中毒，或使病状恶化，甚至可在几天内夺去几千人的生命。其实，即使大气中污染物浓度不高，但人体长年累月呼吸这种污染了的空气，也会引起慢性支气管炎、支气管哮喘、肺气肿及肺癌等疾病。

（二）对植物的危害——大气污染物尤其是二氧化硫、氟化物等对植物的危害是十分严重的。当污染物浓度很高时，会对植物产生急性危害，使植物叶表面产生伤斑，或者直接使叶片枯萎脱落；当污染物浓度不高时，会对植物产生慢性危害，使植物叶片褪绿，或者表面上看不见什么危害症状，但植物的生理机能已受到了影响，造成植物产量下降，品质变坏。

（三）对天气和气候的影响——大气污染物对天气和气候的影响是十分显著的，可以从以下几个方面加以说明。

1. 减少到达地面的太阳辐射量：从工厂、发电站、汽车、家庭取暖设备向大气中排放的大量烟尘微粒，使空气变得非常浑浊，遮挡了阳光，使得到达地面的太阳辐射量减少。据观测统计，在大工业城市烟雾不散的日子里，太阳光直接照射到地面的量比没有烟雾的日子减少近40%。大气污染严重的城市，天天如此，就会导致人和动植物因缺乏阳光而生长发育不好。

2. 增加大气降水量：从大工业城市排出来的微粒，其中有很多具有水气凝结核的作用。因此，当大气中有其他一些降水条件与之配合的时候，就会出现降水天气。在大工业城市的下风地区，降水量更多。

3. 下酸雨：有时候，从天空落下的雨水中含有硫酸。这种酸雨是大气中的二氧化硫经过氧化形成硫酸，随自然界的降水下落形成的。硫酸雨能使大片森林和农作物毁坏，能使纸品、纺织品、皮革制品等腐蚀破碎，能使金属的防锈涂料变质而降低保护作用，还会腐蚀、污染建筑物。

4. 增高大气温度：在大工业城市上空，由于有大量废热排放到空中，因此，近地面空气的温度比四周郊区要高一些。这种现象在气象学中称做"热岛效应"。

5. 对全球气候的影响：近年来，人们逐渐注意到大气污染对全球气候变化的影响问题。经过研究，人们认为在有可能引起气候变化的各种大气污染物质中，二氧化碳具有重大的作用。从地球上无数烟囱和其他种种废气管道排放到大气中的大量二氧化碳，约有50%留在大气里。二氧化碳能吸收来自地面的长波辐射，使近地面层空气温度增高，这叫做"温室效应"。经粗略估算，如果大气中二氧化碳含量增加25%，近地面气温可以增加0.5℃～2℃；如果增加100%，近地面温度可以增高1.5℃～6℃。有的专家认为，大气中的二氧化碳含量照现在的速度增加下去，若干年后会使得南北极的冰融化，导致全球的气候异常。

预防和治理大气污染

大气污染的治理措施

1979 年 11 月在日内瓦举行的联合国欧洲经济委员会的环境部长会议上，通过了《控制长距离越境空气污染公约》，并于 1983 年生效。《公约》规定，到 1993 年底，缔约国必须把二氧化硫排放量削减为 1980 年排放量的 70%。欧洲和北美（包括美国和加拿大）等 32 个国家都在公约上签了字。

美国的《酸雨法》规定，密西西比河以东地区，二氧化硫排放量要由 1983 年的 2000 万吨/年，经过 10 年减少到 1000 万吨/年；加拿大二氧化硫排放量由 1983 年的 470 万吨/年，到 1994 年减少到 230 万吨/年。

大气污染的防护措施

1. 合理安排工业布局和城镇功能分区。应结合城镇规划，全面考虑工业的合理布局。工业区一般应配置在城市的边缘或郊区，位置应当在当地最大频率风向的下风侧，使得废气吹向居住区的次数最少。居住区不得修建有害工业企业。

2. 加强绿化。植物除美化环境外，还具有调节气候，阻挡、滤除和吸附灰尘，吸收大气中的有害气体等功能。

3. 加强对居住区内局部污染源的管理。如饭馆、公共浴室等的烟囱、废品堆放处、垃圾箱等均可散发有害气体污染大气，并影响室内空气，卫生部门应与有关部门配合、加强管理。

4. 控制燃煤污染。（1）采用原煤脱硫技术，可以除去燃煤中大约40% ～60%的无机硫。优先使用低硫燃料，如含硫较低的低硫煤和天然气等。（2）改进燃煤技术，减少燃煤过程中二氧化硫和氮氧化物的排放量。例如，液态化燃煤技术是受到各国欢迎的新技术之一。它主要是通过加进石灰石和白云石，与二氧化硫发生反应，生成硫酸钙随灰渣排出。对煤燃烧后形成的烟气排放到大气中之前进行烟气脱硫。（3）开发新能源，如太阳能、风能、核能、可燃冰等，但是目前技术不够成熟，如果使用会造成新污染，且消耗费用十分高。

5. 加强工艺措施。（1）加强工艺过程。采取以无毒或低毒原料代替毒性大的原料；采取闭路循环以减少污染物的排除等。（2）加强生产管理。防止一切可能排放废气污染大气的情况发生。（3）综合利用，变废为宝。例如电厂排出的大量煤灰可制成水泥、砖等建筑材料，又可回收氮，制造氮肥等。

土壤的退化

TURANG DE TUIHUA

　　土壤是岩石圈表面的疏松表层，是陆生植物生活的基质和陆生动物生活的基底。土壤不仅为植物提供必需的营养和水分，而且也是土壤动物赖以生存的栖息场所。土壤的形成从一开始就与生物的活动密不可分，所以土壤中总是含有多种多样的生物，如细菌、真菌、放线菌、藻类、原生动物、轮虫、线虫、蚯蚓、软体动物和各种节肢动物等，少数高等动物（如鼹鼠等）终生都生活在土壤中。据统计，在一小勺土壤里就含有亿万个细菌，25克森林腐殖土中所包含的霉菌如果一个一个排列起来，其长度可达11千米。可见，土壤是生物和非生物环境的一个极为复杂的复合体，土壤的概念包括生活在土壤里的大量生物，生物的活动促进了土壤的形成，而众多类型的生物又生活在土壤之中。近年来，由于人口急剧增长，工业迅猛发展，固体废物不断向土壤表面堆放和倾倒，有害废水不断向土壤中渗透，大气中的有害气体及飘尘也不断随雨水降落在土壤中，导致了土壤污染。土壤污染一旦发生，仅仅依靠切断污染源的方法往往很难恢复，有时要靠换土、淋洗土壤等方法才能解决问题，其他治理技术可能见效较慢。因此，我们要从源头上保护土壤，这才是最可行的办法。

土壤的构成

土壤是由固体、液体和气体 3 类物质组成的。固体物质包括土壤矿物质、有机质和微生物等。液体物质主要指土壤水分。气体是存在于土壤孔隙中的空气。土壤中这三类物质构成了一个矛盾的统一体，它们互相联系，互相制约，为作物提供必需的生活条件，是土壤肥力的物质基础。

土壤由固体、液体、气体物质组成

矿物质

土壤矿物质是岩石经过风化作用形成的不同大小的矿物颗粒（沙粒、土粒和胶粒）。土壤矿物质种类很多，化学组成复杂，它直接影响土壤的物理、化学性质，是作物养分的重要来源。

有机质

有机质含量的多少是衡量土壤肥力高低的一个重要标志，它和矿物质紧密地结合在一起。在一般耕地耕层中有机质含量只占土壤干重的 0.5% ~ 2.5%，耕层以下更少，但它的作用却很大，群众常把含有机质较多的土壤称为"油土"。土壤有机质按其分解程度分为新鲜有机质、半分解有机质和腐殖质。腐殖质是指新鲜有机质经过微生物分解转化所形成的黑色胶体物质，一般占土壤有机质总量的 85% ~90% 以上。

腐殖质的作用主要有以下几点：

1. 是作物养分的主要来源，腐殖质既含有氮、磷、钾、硫、钙等大量元素，还有微量元素，经微生物分解可以释放出来，供作物吸收利用。

2. 增强土壤的吸水、保肥能力，腐殖质是一种有机胶体，吸水保肥能力

很强，一般黏粒的吸水率为 50% ~ 60% ，而腐殖质的吸水率高达 400% ~ 600% ；保肥能力是黏粒的 6 ~ 10 倍，

3. 改良土壤物理性质，腐殖质是形成团粒结构的良好胶结剂，可以提高黏重土壤的疏松度和通气性，改变沙土的松散状态。同时，由于它的颜色较深，有利于吸收阳光，提高土壤温度。

4. 促进土壤微生物的活动，腐殖质为微生物活动提供了丰富的养分和能量，又能调节土壤酸碱反应，因而有利于微生物活动，促进土壤养分的转化。

5. 刺激作物生长发育，有机质在分解过程中产生的腐殖酸、有机酸、维生素及一些激素，对作物生育有良好的促进作用，可以增强呼吸和对养分的吸收，促进细胞分裂，从而加速根系和地上部分的生长。土壤有机质主要来源于施用的有机肥料和残留的根茬。许多农民采用柴草垫圈、秸秆还田、割青沤肥、草田轮作、粮肥间套、扩种绿肥等措施，提高土壤有机质含量，使土壤越种越肥，产量越来越高，应当因地制宜加以推广。

微生物

土壤微生物的种类很多，有细菌、真菌、放线菌、藻类和原生动物等。土壤微生物的数量也很大，1 克土壤中就有几亿到几百亿个。1 亩地耕层土壤中，微生物的重量有几百千克到上千千克。土壤越肥沃，微生物越多。

微生物在土壤中的主要作用如下：

1. 分解有机质作物的残根败叶和施入土壤中的有机肥料，只有经过土壤微生物的作用，才能腐烂分解，释放出营养元素，供作物利用。并且形成腐殖质，改善土壤的理化性质。

2. 分解矿物质，例如磷细菌能分解出磷矿石中的磷，钾细菌能分解出钾矿石中的钾，以供作物吸收利用。

3. 固定氮素氮气在空气的组成中占 4/5，数量很大，但植物不能直接利用。土壤中有一类叫做固氮菌的微生物，能利用空气中的氮素作食物，在它们死亡和分解后，这些氮素就能被作物吸收利用。固氮菌分两种：（1）生长在豆科植物根瘤内的，叫根瘤菌，种豆能够肥田，就是因为根瘤菌的固氮作用增加了土壤里的氮素；（2）单独生活在土壤里就能固定氮气的，叫自生固氮菌。另外，有些微生物在土壤中会产生有害的作用。例如反硝化细菌，能把硝酸盐还原成氮气，放到空气里去，使土壤中的氮素受到损失。实行深耕、增施有机肥料、给过酸的土壤施石灰、合理灌溉和排水等措施，可促进土壤中有益微生物的繁殖，发挥微生物提高土壤肥力的作用。

土壤水分

土壤是一个疏松多孔体，其中布满着大大小小蜂窝状的孔隙。直径 0.001 ~ 0.1 毫米的土壤孔隙叫毛管孔隙。存在于土壤毛管孔隙中的水分能被作物直接吸收利用，同时，还能溶解和输送土壤养分。毛管水可以上下左右移动，但移动的快慢决定于土壤的松紧程度。松紧适宜，移动速度最快；过松过紧，移动速度都较慢。降水或灌溉后，随着地面蒸发，下层水分沿着毛管迅速向地表上升，这时应在分墒后及时采取中耕、耙、耱等措施，使地表形成一个疏松的隔离层，切断上下层毛管的联系，防止跑墒。"锄头有水"的科学道理就在这里。土壤含水量降至黄墒以下时，毛管水运行基本停止，土壤水分主要以气化方式向大气扩散丢失。这时进行镇压（碾地），使地表形成略为紧实的土层，一方面可以接通已断的毛细管，使底墒借毛管作用上升；另一方面可减少大孔隙，防止水汽扩散损失，所以群众说"碾子提墒，碾子藏墒"。镇压后耱地，使耕层上再形成一个平整而略松的薄层，保墒效果更好。土壤空气对作物种子发芽、根系发育、微生物活动及养分转化都有极大的影响。生产上应采用深耕松土、破除板结、排水、晒田（指稻田）等措施，以改善土壤通气状况，促进作物生长发育。

土壤生态

土壤是岩石圈表面的疏松表层，是陆生植物生活的基质和陆生动物生活的基底。土壤不仅为植物提供必需的营养和水分，而且也是土壤动物赖以生存的栖息场所。土壤的形成从开始就与生物的活动密不可分，所以土壤中总是含有多种多样的生物，如细菌、真菌、放线菌、藻类、原生动物、轮虫、

线虫、蚯蚓、软体动物和各种节肢动物等，少数高等动物（如鼹鼠等）终生都生活在土壤中。据统计，在一小勺土壤里就含有亿万个细菌，25克森林腐殖土中所包含的霉菌如果一个一个排列起来，其长度可达11千米。可见，土壤是生物和非生物环境的一个极为复杂的复合体，土壤的概念总是包括生活在土壤里的大量生物，生物的活动促进了土壤的形成，而众多类型的生物又生活在土壤之中。

土壤无论对植物来说还是对土壤动物来说都是重要的生态因子。植物的根系与土壤有着极大的接触面，在植物和土壤之间进行着频繁的物质交换，彼此有着强烈影响，因此通过控制土壤因素就可影响植物的生长和产量。对动物来说，土壤是比大气环境更为稳定的生活环境，其温度和湿度的变化幅度要小得多，因此土壤常常成为动物的极好隐蔽所，在土壤中可以躲避高温、干燥、大风和阳光直射。由于在土壤中运动要比大气中和水中困难得多，所以除了少数动物（如蚯蚓、鼹鼠、竹鼠和穿山甲）能在土壤中掘穴居住外，大多数土壤动物都只能利用枯枝落叶层中的孔隙和土壤颗粒间的空隙作为自己的生存空间。

土壤是绝大多数植物生长的基本条件

土壤是所有陆地生态系统的基底或基础，土壤中的生物活动不仅影响着土壤本身，而且也影响着土壤上面的生物群落。生态系统中的很多重要过程都是在土壤中进行的，其中特别是分解和固氮过程。生物遗体只有通过分解过程才能转化为腐殖质和矿化为可被植物再利用的营养物质，而固氮过程则是土壤氮肥的主要来源。这两个过程都是整个生物圈物质循环所不可缺少的。

···➡ **知识点**

成土因素学说的基本观点

成土因素学说的基本观点可概括为：

①土壤是一种独立的自然体，它是在各种成土因素在非常复杂的相互作用下形成的。②对于土壤的形成来说，各种成土因素具有同等重要性和相互不可替代性。其中生物起着主导作用。土壤是一定时期内，在一定的气候和地形条件下，活有机体作用于成土母质而形成的。

世界各地土壤类型

（一）亚、欧大陆：亚、欧大陆是最大的大陆。山地土壤占1/3，灰化土和荒漠土分别占16%和15%，黑钙土和栗钙土占13%。地带性土壤沿纬度水平分布由北至南依次为：冰沼土—灰化土—灰色森林土—黑钙土—栗钙土—棕钙土—荒漠土—高寒土—红壤—砖红壤。但在东、西两岸略有差异：大陆西岸从北而南依次为：冰沼土—灰化土—棕壤—褐土—荒漠土；大陆东岸自北而南依次为：冰沼土—灰化土—棕壤—红、黄壤—砖红壤。在灰化土和棕壤带中分布有沼泽土。半荒漠和荒漠土壤中分布着盐渍土。在印度德干高原上分布着变性土。

（二）美洲：北美洲灰化土较多，约占23%。由于西部科迪勒拉山系呈南北走向伸延，从而加深了水热条件的东西差异，因此，北美洲西半部土壤表现明显的经度地带性分布。北美大陆西半部（灰化土带以南，西经95°以西，不包括太平洋沿岸地带）由东而西的土壤类型依次为湿草原土—黑钙土—栗钙土—荒漠土；而在东部因南北走向的山体不高，土壤又表现出纬度地带性分布，由北至南依次为冰沼土—灰化土—棕壤—红、黄壤。北美灰化土带中有沼泽土，栗钙土带中有碱土，荒漠土带中有盐土。南美洲砖红壤、砖红壤性土的分布面积最大，几乎占全洲面积的1/2，主要分布于南回归线以北地区，呈东西延伸。在南回归线以南地区，土壤类型逐渐转为南北延伸，

自东而西依次大致为：红、黄壤—变性土—灰褐土、灰钙土，再往南则为棕色荒漠土。安第斯山以西地区土壤类型是南北向排列和延伸的，自北向南依次为：砖红壤—红褐土—荒漠土—褐土—棕壤。

（三）非洲：非洲土壤以荒漠土和砖红壤、红壤为最多，前者占37％，后两者占29％。由于赤道横贯中部，土壤由中部低纬度地区向南北两侧成对称纬度地带性分布，其顺序是砖红壤—红壤—红棕壤和红褐土—荒漠土，至大陆南北两端为褐土和棕壤。但在东非高原，因受地形的影响而稍有改变。在砖红壤带中分布有沼泽土，在沙漠化的热带草原、半荒漠和荒漠带中分布有盐渍土。

（四）澳大利亚：土壤以荒漠土面积最大，占44％，其次为砖红壤和红壤，占25％。土壤分布呈半环形，自北、东、南三方面向内陆和西部依次分布热带灰化土—红壤和砖红壤—变性土和红棕壤—红褐土和灰钙土—荒漠土。

知识点

土壤的种类

土壤可以分为沙质土、黏质土、壤土3类。沙质土的性质：含沙量多，颗粒粗糙，渗水速度快，保水性能差，通气性能好；黏质土的性质：含沙量少，颗粒细腻，渗水速度慢，保水性能好，通气性能差；壤土的性质：含沙量一般，颗粒一般，渗水速度一般，保水性能一般，通风性能一般。

威胁人类生存的土地荒漠化

沙漠是干旱气候的产物，早在人类出现以前地球上就有沙漠。但是，荒凉的沙漠和丰腴的草原之间并没有什么不可逾越的界线。有了水，沙漠上可以长起茂盛的植物，成为生机盎然的绿洲；而绿地如果没有了水和植物，也可以很快退化为一片沙砾。而人们为了获得更多的食物，不管气候、土地条件如何，随便开荒种地、过度放牧；为了解决燃料问题，不管后果如何，肆意砍树割草。干旱和半干旱地区本来就缺水多风，现在土地被踩躏、植被遭破坏，降水量更少了，风却更大更多了，大风强劲地侵蚀表土，沙子越来越多，慢慢地，沙丘发育了。这就使可耕牧的土地，变成不宜放牧和耕种的沙漠化土地。

土地荒漠化简单地说就是指土地退化，也叫"沙漠化"。1992 年联合国环境与发展大会对荒漠化的概念作了这样的定义："荒漠化是由于气候变化和人类不合理的经济活动等因素，使干旱、半干旱和具有干旱灾害的半湿润地区的土地发生了退化。"1996 年 6 月 17 日第二个世界防治荒漠化和干旱日，联合国防治荒漠化公约秘书处发表公报指出：当前世界荒漠化现象仍在加剧。全球现有 12 亿多人受到荒漠化的直接威胁，其中有 1.35 亿人在短期内有失去土地的危险。荒漠化已经不再是一个单纯的生态环境问题，而且演变为经济问题和社会问题，给人类带来贫困和社会不稳定。到 1996 年为止，全球荒漠化的土地已达到 3600 万平方千米，占到整个地球陆地面积的 1/4，相当于俄罗斯、加拿大、中国和美国国土面积的总和。全世界受荒漠化影响的国家有 100 多个，尽管各国人民都在进行着同荒漠化的抗争，但荒漠化却以每年 5 万~7 万平方千米的速度扩大，相当于爱尔兰的面积。在人类当今诸多的环境问题中，荒漠化是最为严重的灾难之一。对于受荒漠化威胁的人们来说，荒漠化意味着他们将失去最基本的生存基础——有生产能力的土地的消失。

越发严重的土地沙漠化

狭义的荒漠化（即沙漠化）是指在脆弱的生态系统下，由于人为过度的经济活动，破坏其平衡，使原非沙漠的地区出现了类似沙漠景观的环境变化过程。正因为如此，凡是具有发生沙漠化过程的土地都称之为沙漠化土地。沙漠化土地还包括了沙漠边缘风力作用下沙丘前移入侵的地方和原来的固定、半固定沙丘由于植被破坏发生流沙活动的沙丘活化

地区。

广义荒漠化则是指由于人为和自然因素的综合作用，使得干旱、半干旱甚至半湿润地区出现自然环境退化（包括盐渍化、草场退化、水土流失、土壤沙化、狭义沙漠化、植被荒漠化、历史时期沙丘前移入侵等以某一环境因素为标志的具体的自然环境退化）的总过程。

从世界范围来看，在1994年通过的《联合国关于发生严重干旱或荒漠化国家（特别是非洲）防治荒漠化的公约》中，荒漠化是指包括气候变异和人类活动在内的种种因素造成的干旱、半干旱和亚湿润干旱地区的土地退化。

该定义明确了3个问题：

（一）"荒漠化"是在包括气候变异和人类活动在内的多种因素的作用下产生和发展的；

（二）"荒漠化"发生在干旱、半干旱及亚湿润干旱区（指年降水量与可能蒸散量之比在0.05～0.65的地区，但不包括极区和副极区），这就给出了荒漠化产生的背景条件和分布范围；

（三）"荒漠化"是发生在干旱、半干旱及亚湿润干旱区的土地退化，将荒漠化置于宽广的全球土地退化的框架内，从而界定了其区域范围。

20世纪60年代末和70年代初，非洲西部撒哈拉地区连年严重干旱，造成空前灾难，使国际社会密切关注全球干旱地区的土地退化。"荒漠化"名词于是开始流传开来。据联合国资料，目前全球1/5人口、1/3土地受到荒漠化的影响。在1992年6月的世界环境和发展会议上，防治荒漠化已被列为国际社会优先发展和采取行动的领域，并于1993年开始了《联合国关于发生严重干旱或荒漠化国家（特别是非洲）防治荒漠化公约》的政府间谈判。1994年6月17日，公约文本正式通过。1994年12月，联合国大会通过决议，从1995年起，把每年的6月17日定为"全球防治荒漠化和干旱日"，并向群众进行宣传。我国是《公约》的缔约国之一。

什么叫荒漠化？过去我们常理解为"沙漠不断扩大，把沙漠里的沙子扩散到越来越广的肥沃土地上去"，这是不准确的。1992年世界环境与发展大会上通过的定义是"包括气候和人类活动在内种种因素造成的干旱、半干旱和亚湿润地区的土地退化"，也就是由于大风吹蚀、流水侵蚀、土壤盐渍化等造成的土壤生产力下降或丧失，都称为荒漠化。

我国荒漠化形势十分严峻。根据 1998 年国家林业局防治荒漠化办公室等政府部门发表的材料指出，我国是世界上荒漠化最严重的国家之一。根据全国沙漠、戈壁和沙化土地普查及荒漠化调研结果表明，我国荒漠化土地面积为 262.2 万平方千米，占国土面积的 27.4%，近 4 亿人口受到荒漠化的影响。据中、美、加国际合作项目研究，中国因荒漠化造成的直接经济损失约为 541 亿人民币。

我国荒漠化土地中，以大风造成的风蚀荒漠化面积最大，占了 160.7 万平方千米。据统计，20 世纪 70 年代以来，我国仅土地沙化面积每年就有 2460 平方千米。

土地的沙化给大风起沙制造了物质源泉。我国北方地区沙尘暴（强沙尘暴俗称"黑风"，进入沙尘暴之中常伸手不见五指）发生越来越频繁，且强度大，范围广。1993 年 5 月 5 日，新疆、甘肃、宁夏先后发生强沙尘暴，造成 116 人死亡或失踪，264 人受伤，牲畜损失几万头，农作物受灾面积 33.7 万公顷，直接经济损失 5.4 亿元。1998 年 4 月 15～21 日，自西向东发生了一场席卷我国干旱、半干旱和亚湿润地区的强沙尘暴，途经新疆、甘肃、宁夏、陕西、内蒙古、河北和山西西部。4 月 16 日飘浮在高空的尘土在京、津和长江下游以北地区沉降，形成大面积浮尘天气。其中北京、济南等地因浮尘与降雨云系相遇，"泥雨"从天而降。宁夏、银川因连续下沙子，飞机停飞，人们连呼吸都觉得困难。

据记载，我国西北地区从公元前 3 世纪到公元 1949 年间，共发生有记载的强沙尘暴 70 次，平均 31 年发生一次。而新中国成立以来的 50 年中却已发生 71 次。虽然历史记载与现今气象观测在标准上差异较大，但证明沙尘暴现在比过去多得多，这一点是没有疑问的。

根据对我国 17 个典型沙区，同一地点不同时期的陆地卫星影像资料的分析，也证明了我国荒漠化发展形势十分严峻。毛乌素沙地地处内蒙古、陕西、宁夏交界，面积约 4 万平方千米，40 年间流沙面积增加了 47%，林地面积减少了 76.4%，草地面积减少了 17%。浑善达克沙地南部由于过度放牧和砍柴，短短 9 年间流沙面积增加了 98.3%，草地面积减少了 28.6%。此外，甘

肃民勤绿洲的萎缩，新疆塔里木河下游胡杨林和红柳林的消亡，甘肃阿拉善地区草场退化、梭梭林消失……一系列严峻的事实，都向我们敲响了警钟。

知识点

梭梭林

顾名思义，梭梭林就是由梭梭树组成的树林。梭梭树是一种长在沙地上的固沙植物，也可以作为牲畜的饲料，名贵中药苁蓉就寄生在梭梭的根部。苁蓉具有独特的补肾、抗老年痴呆、保肝、通便、肿瘤辅助治疗、抗辐射等10多种药用功能，被誉为"沙漠人参"。

威胁人类健康的沙尘暴

沙尘暴天气主要发生在春末夏初季节，这是由于冬、春季干旱区降水甚少，地表异常干燥松散，抗风蚀能力很弱，在大风刮过时，就会将大量沙尘卷入空中，形成沙尘暴天气。

从全球范围来看，沙尘暴天气多发生在内陆沙漠地区，源地主要有非洲的撒哈拉沙漠，北美中西部和澳大利亚也是沙尘暴天气的源地。1933～1937年由于严重干旱，在北美中西部就产生过著名的碗状沙尘。亚洲沙尘暴活动中心主要在约旦沙漠、巴格达与海湾北部沿岸之间的美索不达米亚、阿巴斯附近的伊朗南部海滨，稗路支到阿富汗北部的平原地带。中亚地区哈萨克斯坦、乌兹别克斯坦及土库曼斯坦都是沙尘暴频

频发的沙尘暴

繁（≥15次/年）影响区，但其中心在里海与咸海之间沙质平原及阿姆河一带。

我国西北地区由于独特的地理环境，也是沙尘暴频繁发生的地区，主要发源地有古尔班通古特沙漠、塔克拉玛干沙漠、巴丹吉林沙漠、腾格里沙漠、乌兰布和沙漠、毛乌素沙漠等。

沙尘暴天气的危害

沙尘暴天气是我国西北地区和华北北部地区出现的强灾害性天气，可造成房屋倒塌、交通供电受阻或中断、火灾、人畜伤亡等，污染自然环境，破坏作物生长，给国民经济建设和人民生命财产安全造成严重的损失和极大的危害。沙尘暴危害主要在以下几方面：

1. 生态环境恶化

出现沙尘暴天气时，狂风裹着沙石、浮尘到处弥漫，空气浑浊，呛鼻迷眼，呼吸道等疾病人数增加。如1993年5月5日发生在金昌市的强沙尘暴天气，监测到的室外空气含尘量为1016毫克/立方厘米，室内为80毫克/立方厘米，是国家规定的生活区内空气含尘量标准的40倍。

2. 生产生活受影响。

沙尘暴天气携带的大量沙尘蔽日遮光，天气阴沉，造成太阳辐射减少，恶劣的能见度容易使人心情沉闷，降低工作学习效率。轻者可使大量牲畜患呼吸道及肠胃疾病，严重时将导致大量的"春乏"牲畜死亡，刮走农田沃土、种子和幼苗。沙尘暴还会使地表层土壤风蚀、沙漠化加剧。覆盖在植物叶面上厚厚的沙尘，会影响正常的光合作用，造成作物减产。

3. 生命财产损失

1993年5月5日，发生在甘肃省金昌、威武、民勤、白银等地市的强沙尘暴天气，受灾农田253.55万亩，损失树木4.28万株，造成直接经济损失达2.36亿元，死亡50人，重伤153人。2000年4月12日，永昌、金昌、威武、民勤等地市强沙尘暴天气，据不完全统计仅金昌、威武两地直接经济损失达1534万元。

4. 交通安全（飞机、汽车等交通事故）

沙尘暴天气经常影响交通安全，造成飞机不能正常起飞或降落，使汽车、火车车厢玻璃破损、停运或脱轨。

知识点

沙尘暴防灾应急

①及时关闭门窗，必要时可用胶条对门窗进行密封；②外出时要戴口罩或用纱巾蒙住头，以免沙尘侵害眼睛和呼吸道而造成损伤。应特别注意交通安全；③机动车和非机动车应减速慢行，密切注意路况，谨慎驾驶；④妥善安置易受沙尘暴损坏的室外物品；⑤发生强沙尘暴天气时不宜出门，尤其是老人、儿童及患有呼吸道过敏性疾病的人；⑥平时要做好防风防沙的各项准备。

土壤污染的影响

土壤是指陆地表面具有肥力、能够生长植物的疏松表层，其厚度一般在两米左右。土壤不但为植物生长提供机械支撑能力，并能为植物生长发育提供所需要的水、肥、气、热等肥力要素。近年来，由于人口急剧增长，工业迅猛发展，固体废物不断向土壤表面堆放和倾倒，有害废水不断向土壤中渗透，大气中的有害气体及飘尘也不断随雨水降落在土壤中，导致了土壤污染。凡是妨碍

土壤污染

土壤正常功能，降低作物产量和质量，还通过粮食、蔬菜、水果等间接影响人体健康的物质，都叫做土壤污染物。

土壤污染物的来源广、种类多，大致可分为无机污染物和有机污染物两大类。1. 无机污染物主要包括酸、碱、重金属（铜、汞、铬、镉、镍、铅等），盐类，放射性元素铯、锶的化合物，含砷、硒、氟的化合物等。2. 有机污染物主要包括有机农药、酚类、氰化物、石油、合成洗涤剂、3,4 – 苯并以及由城市污水、污泥及厩肥带来的有害微生物等。当土壤中含有害物质过多，超过土壤的自净能力，就会引起土壤的组成、结构和功能发生变化，微生物活动受到抑制，有害物质或其分解产物在土壤中逐渐积累，通过"土壤→植物→人体"，或通过"土壤→水→人体"间接被人体吸收，达到危害人体健康的程度，就是土壤污染。

为了控制和消除土壤的污染，首先要控制和消除土壤污染源，加强对工业"三废"的治理，合理施用化肥和农药。同时还要采取防治措施，如针对土壤污染物的种类，种植有较强吸收力的植物，降低有毒物质的含量（例如羊齿类铁角蕨属的植物能吸收土壤中的重金属）；或通过生物降解净化土壤（例如蚯蚓能降解农药、重金属等）；或施加抑制剂改变污染物质在土壤中的迁移转化方向，减少作物的吸收（例如施用石灰），提高土壤的 pH 值，促使镉、汞、铜、锌等形成氢氧化物沉淀。此外，还可以通过增施有机肥、改变耕作制度、换土、深翻等手段，治理土壤污染。

人为活动产生的污染物进入土壤并积累到一定程度，引起土壤质量恶化，进而造成农作物中某些指标超过国家标准的现象，也称为土壤污染。

污染物进入土壤的途径是多样的，废气中含有的污染物质，特别是颗粒物，在重力作用下沉降到地面进入土壤，废水中携带大量污染物进入土壤，固体废物中的污染物直接进入土壤或其渗出液进入土壤。其中最主要的是污水灌溉带来的土壤污染。农药、化肥的大量使用，造成土壤有机质含量下降，土壤板结，也是土壤污染的来源之一。

土壤污染除导致土壤质量下降、农作物产量和品质下降外，更为严重的是土壤对污染物具有富集作用，一些毒性大的污染物，如汞、镉等富集到作物果实中，人或牲畜食用后会发生中毒现象。

如我国辽宁沈阳张士灌区由于长期引用工业废水灌溉，导致土壤和稻米中重金属镉含量超标，人畜不能食用。土壤不能再作为耕地，只能改作他用。

由于具有生理毒性的物质或过量的植物营养元素进入土壤，而导致出现了土壤性质恶化和植物生理功能失调的现象。土壤处于陆地生态系统中的无机界和生物界的中心，不仅在本系统内进行着能量和物质的循环，而且与水域、大气和生物之间也不断进行物质交换，一旦发生污染，三者之间就会有污染物质的相互传递。作物从土壤中吸收和积累的污染物常通过食物链传递而影响人体健康。

污染物类型

土壤污染物有下列 4 类：1. 化学污染物。包括无机污染物和有机污染物。前者如汞、镉、铅、砷等重金属，过量的氮、磷植物营养元素，以及氧化物和硫化物等；后者如各种化学农药、石油及其裂解产物，以及其他各类有机合成产物等。2. 物理污染物。指来自工厂、矿山的固体废弃物，如尾矿、废石、粉煤灰和工业垃圾等。3. 生物污染物。指带有各种病菌的城市垃圾和由卫生设施（包括医院）排出的废水、废物以及厩肥等。4. 放射性污染物。主要存在于核原料开采和大气层核爆炸地区，以锶和铯等在土壤中生存期较长的放射性元素为主。

污染物进入土壤的途径

1. 污染物进入土壤的途径主要有：（1）污水灌溉。用未经处理或未达到排放标准的工业污水灌溉农田是污染物进入土壤的主要途径，其后果是在灌溉渠系两侧形成污染带，属封闭式局限性污染。（2）酸雨和降尘。工业排放的二氧化硫、一氧化氮等有害气体在大气中发生反应而形成酸雨，以自然降水形式进入土壤，引起土壤酸化。冶金工业烟囱排放的金属氧化物粉尘，则在重力作用下以降尘形式进入土壤，形成以排污工厂为中心、半径为 2～3 千米范围的点状污染。（3）汽车排气。汽油中添加的防爆剂四乙基铅随废气排出，污染土壤，行车频率高的公路两侧常形成明显的铅污染带。（4）向土壤倾倒固体废弃物。堆积场所土壤直接受到污染，自然条件下的二次扩散会形成更大范围的污染。（5）过量施用农药、化肥。

2. 污染物在土壤中的去向：进入土壤的污染物，因其类型和性质的不同而主要有固定、挥发、降解、流散和淋溶等不同去向。重金属离子，主要是能使土壤无机和有机胶体产生稳定吸附的离子，包括与氧化物专性吸附和与胡敏素紧密结合的离子，以及土壤溶液化学平衡中产生的难溶性金属氢氧化物、碳酸盐和硫化物等，将大部分被固定在土壤中而难以排除；虽然一些化学反应能缓和其毒害作用，但仍是土壤环境的潜在威胁。化学农药的归宿，主要是通过气态挥发、化学降解、光化学降解和生物降解而最终从土壤中消失，其挥发作用的强弱主要取决于自身的溶解度和蒸气压，以及土壤的温度、湿度和结构状况。例如，大部分除草剂均能发生光化学降解，一部分农药（有机磷等）能在土壤中产生化学降解。目前使用的农药多为有机化合物，故也可产生生物降解。即土壤微生物在以农药中的碳素作能源的同时，就已破坏了农药的化学结构，导致脱烃、脱卤、水解和芳环烃基化等化学反应的发生而使农药降解。土壤中的重金属和农药都可随地面径流或土壤侵蚀而部分流失，引起污染物的扩散；作物收获物中的重金属和农药残留物也会向外环境转移，即通过食物链进入家畜和人体等。施入土壤中过剩的氮肥，在土壤的氧化还原反应中分别形成 NO 和 NH。前两者易于淋溶而污染地下水，后两者易于挥发而造成氮素损失并污染大气。

土壤污染的防治

科学地进行污水灌溉

工业废水种类繁多，成分复杂，有些工厂排出的废水可能是无害的，但与其他工厂排出的废水混合后，就变成有毒的废水。因此在利用废水灌溉农田之前，应按照《农田灌溉水质标准》的规定进行净化处理，这样既利用了污水，又避免了对土壤的污染。

合理使用农药，重视开发高效低毒低残留农药

合理使用农药，这不仅可以减少对土壤的污染，还能经济有效地消灭病、虫、草害，发挥农药的积极效能。在生产中，不仅要控制化学农药的用量、

使用范围、喷施次数和喷施时间，提高喷洒技术，还要改进农药剂型，严格限制剧毒、高残留农药的使用，重视低毒、低残留农药的开发与生产。

合理施用化肥，增施有机肥

根据土壤的特性、气候状况和农作物生长发育特点，配方施肥，严格控制有毒化肥的使用范围和用量。

增施有机肥，提高土壤有机质含量，可增强土壤胶体对重金属和农药的吸附能力。如褐腐酸能吸收和溶解三氯杂苯除草剂及某些农药，腐殖质能促进镉的沉淀等。同时，增加有机肥还可以改善土壤微生物的流动条件，加速生物降解过程。

施用化学改良剂，采取生物改良措施

在受重金属轻度污染的土壤中施用抑制剂，可将重金属转化成为难溶的化合物，减少农作物的吸收。常用的抑制剂有石灰、碱性磷酸盐、碳酸盐和硫化物等。例如，在受镉污染的酸性、微酸性土壤中施用石灰或碱性炉灰等，可以使活性镉转化为碳酸盐或氢氧化物等难溶物，改良效果显著。

因为重金属大部分为亲硫元素，所以在水田中施用绿肥、稻草等，在旱地上施用适量的硫化钠、石硫合剂等有利于重金属生成难溶的硫化物。

对于砷污染土壤，可施加 Fe_2SO_3 和 $MgCl_2$ 等生成 $FeAsO_4$、Mg、NH_4、AsO_4 等难溶物，减少砷的危害。另外，可以种植抗性作物或对某些重金属元素有富集能力的低等植物，用于小面积受污染土壤的净化。如玉米抗镉能力强，马铃薯、甜菜等抗镍能力强等。有些蕨类植物对锌、镉的富集浓度可达数百甚至数千 ppm（毫克/千克），例如，在被砷污染的土壤上谷类作物无法生存，但在其上生长的苔藓砷富集量可达 1250×10^{-6} 毫克/千克。

总之，按照"预防为主"的环保方针，防治土壤污染的首要任务是控制和消除土壤污染源。对已污染的土壤，要采取一切有效措施，清除土壤中的污染物，控制土壤污染物的迁移转化，改善农村生态环境，提高农作物的产量和品质，为广大人民群众提供优质、安全的农产品。

身边的环境问题

SHENBIAN DE HUANJING WENTI

　　人们一直以为地球上的水和空气是无穷无尽的，所以不担心把千万吨的废气送到天空去，又把数亿吨的垃圾倒进江河湖海。大家都认为世界这么大，这一点废物算什么？我们错了，其实地球虽大（半径6300多公里），但生物只能在海拔8千米到海底11千米的范围内生活，而占了95%的生物都只能生存在中间约3千米的范围内，人们不应该肆意地弄污这有限的生活环境。

　　环境污染是指人类直接或间接地向环境排放超过其自净能力的物质或能量，从而使环境的质量降低，对人类的生存与发展、生态系统和财产造成不利影响的现象。环境污染会给生态系统造成直接的破坏和影响，比如沙漠化、森林破坏，也会给人类社会造成间接的危害，有时这种间接的环境效应的危害比当时造成的直接危害更大，也更难消除。随着科学技术水平的发展和人民生活水平的提高，环境污染也在增加，发展中国家尤其如此。环境污染问题越来越成为世界各个国家的共同课题之一。

固体废弃物的污染

固体废弃物是指人类在生产、消费、生活和其他活动中产生的固态、半固态废弃物质（国外的定义则更加广泛，动物活动产生的废弃物也属于此类），通俗地说，就是"垃圾"。主要包括固体颗粒、垃圾、炉渣、污泥、废弃的制品、破损器皿、残次品、动物尸体、变质食品、人畜粪便等。有些国家把废酸、废碱、废油、废有机溶剂等高浓度的液体也归为固体废弃物。

固体废弃物

固体废弃物的分类

按其组成可分为有机废物和无机废物；按其形态可分为固态的废物、半固态的废物和液态（气态）废物；按其污染特性可分为有害废物和一般废物等。在《固体废弃物污染环境防治法》中将其分为城市固体废弃物、工业固体废物和有害废物。

按照固体废弃物的来源可分为城市生活固体废弃物、工业固体废弃物和农业废弃物。

城市生活固体废弃物

城市生活固体废弃物主要是指在城市日常生活中或者为城市日常生活提供服务的活动中产生的固体废弃物，即城市生活垃圾，主要包括居民生活垃圾、医院垃圾、商业垃圾、建筑垃圾（又称渣土）。一般来说，城市每人每天的垃圾量为 1~2 千克，其多少及成分与居民物质生活水平、习惯、废旧物资回收利用程度、市政建筑情况等有关。如国内的垃圾主要为厨房垃圾。城市

生活固体废弃物每年的产量十分惊人。在 18 世纪中叶，世界人口中仅有 3%
住在城市；到 1950 年，城市人口比例占 29%；1985 年，这个数字上升到
41%。预计到 2025 年，世界人口的 60% 将住在城市或城区周围。这么多人住
在或即将住在城市，而城市又是高度集中、环境被大大人工化的地区，城市
垃圾所产生的污染极为突出。

一般来说，城市生活水平愈高，垃圾产生量愈大。在低收入国家的大城
市，如加尔各答、卡拉奇和雅加达，每人每天产生 0.5～0.8 千克；在工业化
国家的大城市，每人每天产生的垃圾通常在 1 千克左右。

工业固体废物

工业固体废物是指在工业、交通等生产活动中产生的采矿废石、选矿尾
矿、燃料废渣、化工生产及冶炼废渣等固体废物，又称工业废渣或工业垃圾。
工业固体废物按照其来源及物理性状大体可分为 6 类。而依废渣的毒性又可
分为有毒与无毒废渣两类，凡含有氟、汞、砷、铬、铅、氰等及其化合物和
酚、放射性物质的均为有毒废渣。

农业废弃物

农业废弃物也称为农业垃圾，主要来自粪便以及植物秸秆类。

固体废弃物的危害

未经处理的工厂废物和生活垃圾露天堆放，占用土地，破坏景观，而且
废物中有的成分通过刮风进行空气传播，经过下雨进入土壤、河流或地下水
源，这个过程就是固体废弃物污染。

污染水体

固体废物未经无害化处理随意堆放，随天然降水或地表径流入河流、湖
泊，长期淤积，使水面缩小，其有害成分的危害也将更大。固体废物的有害
成分，如汞（来自红塑料、霓虹灯管、电池、朱红印泥等）、镉（来自印刷、
墨水、纤维、搪瓷、玻璃、镉颜料、涂料、着色陶瓷等）、铅（来自黄色聚乙

烯、铅制自来水管、防锈涂料等）等微量有害元素，如处理不当，能随溶沥水进入土壤，从而污染地下水；同时也可能随雨水渗入水网，流入水井、河流以至附近海域，被植物摄入，再通过食物链进入人体，影响人体健康。在我国个别城市的垃圾填埋场周围，地下水的浓度、色度、总细菌数、重金属含量等污染指标严重超标。

污染大气

固体废弃物中的干物质或轻质随风飘扬，会对大气造成污染。焚烧法是处理固体废弃物目前较为流行的方式，但是焚烧将产生大量的有害气体和粉尘。一些有机固体废弃物长期堆放，在适宜的温度和湿度下会被微生物分解，同时释放出有害气体。

污染土壤

土壤是许多细菌、真菌等微生物聚居的场所，这些微生物在土壤功能的体现中起着重要的作用，它们与土壤本身构成了一个平衡的生态系统。而未经处理的有害固体废物，经过风化、雨淋、地表径流等作用，其有毒液体将渗入土壤，进而杀死土壤中的微生物，破坏了土壤中的生态平衡，污染严重的地方甚至寸草不生。

侵占土地

不断增加的垃圾产生量相当迅速，许多城市利用大片的城郊边缘的农田来堆放它们，难怪在科学家从卫星拍回的地球照片上，围绕着城市的大片白色垃圾是那么显眼。

固体废弃物的处理

固体废弃物的处理通常是指通过物理、化学、生物、物化及生化方法，把固体废物转化为适于运输、贮存、利用或处置的过程，固体废弃物处理的目标是无害化、减量化、资源化。有人认为固体废物是"三废"中最难处置的一种，因为它含有的成分相当复杂，其物理性状（体积、流动性、均匀性、粉碎程度、水分、热值等）也千变万化，要达到上述"无害化、减量化、资源化"目标会遇到相当大的麻烦。一般防治固体废物污染方法首先是要控制其产生量，例如，逐步改革城市燃料结构（包括民用工业），控制工厂原料的消耗定额，提高产品的使用寿命，提高废品的回收率等；其次是开展综合利用，把固体废物作为资源和能源对待，实在不能利用的则经压缩和无毒处理后成为终态固体废物，然后再填埋和沉海，目前主要采用的方法包括压实、破碎、分选、固化、焚烧、生物处理等。

■■■ 来势汹汹的白色污染

白色污染

在各种公共场所到处都能看见大量废弃的塑料制品，它们从自然界而来，由人类制造，最终归结于大自然时却不易被自然所消化，从而影响了大自然的生态环境。从节约资源的角度出发，由于塑料制品主要来源是面临枯竭的石油资源，应尽可能回收，但由于现阶段再回收的生产成本远高于直接生产成本，在现行市场经济条件下难以做到。面对日益严重的白色污染问题，人们希望寻找一种能替代现行塑料性能，又不会造成白色污染的塑料替代品，可降解塑料应运而生。这种新型功能的塑料，其特点是在达到一定使用寿命废弃后，在特定的环境条件下，由于其化学结构发生明显变化，引起某些性能损失及外观变化而发生降解，对自然环境无害或少害。例如淀粉填充塑料，首先其所含淀粉在短时间内被土壤中的微生物分泌的淀粉酶迅速分解而生成空洞，导致薄膜力学性能下降，同时配方中添加的自氧

剂与土壤中的金属盐发生反应生成过氧化物，使聚乙烯的链断裂而降解成易被微生物吞噬的小碎片而被自然环境所消化，同时起到改良土壤的作用。

塑料最早运用于农业地膜，使农业生产有了极大的发展，农作物在任何季节都能生长，促进了市场消费。据市场统计，在 1990～1995 年期间，塑料的生产以每年 8.9% 的速度增长，已经席卷了整个地球，简直可以称作"白色革命"。

伴随着人们生活节奏的加快，社会生活正向便利化、卫生化发展。顺应这种需求，一次性泡沫塑料饭盒、塑料袋等开始频繁地进入人们的日常生活。这些使用方便、价格低廉的包装材料的出现给人们的生活带来了诸多便利。但另一方面，这些包装材料在使用后往往被随手丢弃，造成"白色污染"，成为极大的环境问题。

"白色污染"的危害

"白色污染"的主要危害在于"视觉污染"和"潜在危害"。

1. "视觉污染"。在城市、旅游区、水体和道路旁散落的废旧塑料包装物会给人们的视觉带来不良刺激，影响城市、风景点的整体美感，破坏市容、景观，由此造成"视觉污染"。

2. "潜在危害"。废旧塑料包装物进入环境后，由于其很难降解，会造成长期的、深层次的生态环境问题。（1）废旧塑料包装物混在土壤中，会影响农作物吸收养分和水分，导致农作物减产；（2）抛弃在陆地或水体中的废旧塑料包装物，被动物当做食物吞入，可导致动物死亡（在动物园、牧区和海洋中，此类情况已屡见不鲜）；（3）混入生活垃圾中的废旧塑料包装物很难处理，而填埋处理将会长期占用土地，混有塑料的生活垃圾不适用于堆肥处理，分拣出来的废塑料也因无法保证质量而很难回收利用。

目前，人们反映强烈的主要是"视觉污染"问题，而对于废旧塑料包装物长期的、深层次的"潜在危害"，大多数人还缺乏认识。

"白色污染"的替代品

解决"白色污染"问题，严禁生产和使用塑料类产品并非上策，因为某些塑料类产品确实给人们带来了方便。根本的出路在于让科技来参与，一家公司已经研究出一种"绿色餐具"，这种餐具以麦秆、稻草、玉米秆、甘蔗渣等植物纤维为原料，不含任何对人体有害的物质，用后 48 小时可以自行降解，而且扔在海洋江河里还可以做鱼饲料，丢在田地里可以肥田，真正是一举数得。

持久的废旧电池污染

废旧电池潜在的污染已引起社会各界的广泛关注。我国是世界上头号干电池生产和消费大国，有资料表明，我国目前有 1400 多家电池生产企业，1980 年，干电池的生产量已超过美国而跃居世界第一。1998 年，我国干电池的生产量达到 140 亿只，而同年，世界干电池的总产量约为 300 亿只。

废旧电池污染

如此庞大的电池数量，使得一个极大的问题暴露了出来，那就是如何让这么多的电池不去破坏、污染我们生存的环境。据调查，废旧电池内含有大量的重金属以及废酸、废碱等电解质溶液。如果随意丢弃，腐败的电池会破坏我们的水源，侵蚀我们赖以生存的庄稼和土地，生存环境将面临着巨大的威胁。一节一号电池在地里腐烂，它的有毒物质能使 1 平方

米的土地失去使用价值；把一粒纽扣电池扔进水里，它其中所含的有毒物质会造成60万升水体的污染，相当于一个人一生的用水量。废旧电池中含有重金属镉、铅、汞、镍、锌、锰等，其中镉、铅、汞是对人体危害较大的物质。而镍、锌等金属虽然在一定浓度范围内是有益物质，但在环境中超过极限，也将对人体造成危害。废旧电池渗出的重金属会造成江、河、湖、海等水体的污染，危及水生物的生存和水资源的利用，间接威胁人类的健康。废酸、废碱等电解质溶液可能污染土地，使土地酸化和盐碱化，这就如同在我们身边埋了一颗定时炸弹。因此，对废旧电池的收集与处置非常重要，如果处置不当，可能对生态环境和人类健康造成严重危害。随意丢弃废旧电池不仅污染环境，也是一种资源浪费。有人算了一笔账，以全国每年生产100亿只电池计算，全年消耗15.6万吨锌、22.6万吨二氧化锰、2080吨铜、2.7万吨氯化锌、7.9万吨氯化铵、4.3万吨碳棒。尽管先进的科技已给了我们正确的指向，但我国的电池污染现象仍不容乐观。目前我国的大部分废旧电池混入生活垃圾被一并埋入地下，久而久之，经过转化，电池腐烂，重金属溶出，既可能污染地下水体，又可能污染土壤，最终通过各种途径进入人的食物链。生物从环境中摄取的重金属经过食物链的生物放大作用，逐级在较高级的生物中成千上万倍地富集，然后经过食物链进入人的身体，在某些器官中积蓄，造成慢性中毒。日本的水俣病就是汞中毒的典型案例。

知识点

资源再利用的回路

目前兴起的垃圾经济学设立出3条从废弃物到资源再利用的回路：①资源型回路，即废纸、废铁回收再利用；②商业型回路，即重复利用包装物；③能源型回路，如焚烧产生热能发电等。垃圾经济学认为，世界上没有垃圾，只有放错了地方的资源。

食品污染的危害

什么是食品污染

食品及其原料在生产和加工过程中，因农药、废水、污水各种食品添加剂及病虫害和家畜疫病所引起的污染，以及霉菌毒素引起的食品霉变，运输、包装材料中有毒物质和多氯联苯、苯并芘所造成的污染叫食品污染。

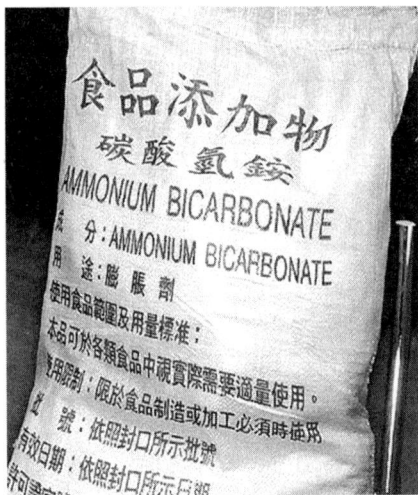
袋装的三聚氢胺

食品是构成人类生命和健康的三大要素之一。食品一旦受污染，就要危害人类的健康。

防止食品污染，不仅要注意饮食卫生，还要从各个细节着手。只有这样，才能从根本上解决问题。

食品污染可以分为两大类：生物性污染和化学性污染。

1. 生物性污染主要指病原体的污染。细菌、霉菌以及寄生虫卵侵染蔬菜、肉类等食物后，都会造成食品污染。在受潮霉变的食物上，能生长一种真菌——黄曲霉。黄曲霉能产生一种剧毒物质——黄曲霉毒素，这是一种强烈的致癌物质，致癌力是苯并［a］芘的4000倍。霉菌毒素的污染，可能是世界上某些湿热地区肝癌高发的重要原因。

2. 化学性污染是指有害化学物质的污染。在农田、果园中大量使用化学农药，是造成粮食、蔬菜、果品化学性污染的主要原因。这些污染物还可以随着雨水进入水体，然后进入鱼虾体内。我国某地湖泊受到农药污染后，不少鱼的身体变形，烹调后药味浓重，被称为"药水鱼"。这些"药水鱼"曾造成数百人中毒。有些农民在马路上晾晒粮食，容易使粮食沾染沥青中的挥

发物，从而对人体健康产生不利影响。

随着社会城市化的发展，人们已经摆脱那种自给自足的田园式生活，许多粮食、蔬菜、果品和肉类，都要经过长途运输或储存，或者经过多次加工，才能送到人们面前。在这些食品的运输、储存和加工过程中，人们常常要在食品中投放各种添加剂，如防腐剂、杀菌剂、漂白剂、抗氧化剂、甜味剂、调味剂、着色剂等，其中不少添加剂具有一定的毒性。例如，过量服用防腐剂水杨酸，会使人呕吐、下痢、中枢神经麻痹，甚至有死亡的危险。

食品污染是危害人们健康的大问题。防止食品的污染，除了个人要注意饮食卫生外，还需要全社会各个部门的共同努力。

食品污染对健康的影响

污染食品的物质称为食品污染物。食用受污染的食品会对人体健康造成不同程度的危害。

食品污染可分为生物性污染、化学性污染和放射性污染。

1. 生物性污染：主要是由有害微生物及其毒素、寄生虫及其虫卵和昆虫等引起的。肉、鱼、蛋和奶等动物性食品易被致病菌及其毒素污染，导致食用者发生细菌性食物中毒和人畜共患的传染病。致病菌主要来自病人、带菌者和病畜、病禽等。致病菌及其毒素可通过空气、土壤、水、食具、患者的手或排泄物污染食品。被致病菌及其毒素污染的食品，特别是动物性食品，如食用前未经必要的加热处理，会引起沙门菌或金黄色葡萄球菌毒素等细菌性食物中毒。食用被污染的食品还可引起炭疽、结核和布氏杆菌病（波状热）等传染病。

霉菌广泛分布于自然界。受霉菌污染的农作物、空气、土壤和容器等都可使食品受到污染。部分霉菌菌株在适宜条件下，能产生有毒代谢产物，即霉菌毒素（见霉菌污染对健康的影响）。如黄曲霉毒素和单端孢霉菌毒素，对人畜都有很强的毒性。一次性摄入大量被霉菌及其毒素污染的食品，会造成食物中毒；长期摄入小量受污染食品也会引起慢性病或癌症。有些霉菌毒素还能从动物或人体转入乳汁中，损害饮奶者的健康。

微生物含有可分解各种有机物的酶类。这些微生物污染食品后，在适宜条件下大量生长繁殖，食品中的蛋白质、脂肪和糖类，可在各种酶的作用下分解，使食品感官性状恶化，营养价值降低，甚至腐败变质。

污染食品的寄生虫主要有绦虫、旋毛虫、中华枝睾吸虫和蛔虫等。污染源主要是病人、病畜和水生物。污染物一般是通过病人或病畜的粪便污染水源或土壤，然后再使家畜、鱼类和蔬菜受到感染或污染。

粮食和各种食品的贮存条件不良，容易孳生各种仓储害虫。例如粮食中的甲虫类、蛾类和螨类，鱼、肉、酱或咸菜中的蝇蛆以及咸鱼中的干酪蝇幼虫等。枣、栗、饼干、点心等含糖较多的食品特别容易受到侵害。昆虫污染可使大量食品遭到破坏，但尚未发现受昆虫污染的食品对人体健康造成显著危害的现象。

2. 化学性污染：主要指农用化学物质、食品添加剂、食品包装容器和工业废弃物的污染，以及汞、镉、铅、砷、氰化物、有机磷、有机氯、亚硝酸盐和亚硝胺及其他有机或无机化合物等所造成的污染。造成化学性污染的原因有以下几种：（1）农业用化学物质的广泛应用和使用不当。（2）使用不合卫生要求的食品添加剂。（3）使用质量不合卫生要求的包装容器，造成容器上的可溶性有害物质在接触食品时进入食品，如陶瓷中的铅、聚氯乙烯塑料中的氯乙烯单体都有可能转移进入食品。又如包装蜡纸上的石蜡可能含有苯并（a）芘，彩色油墨和印刷纸张中可能含有多氯联苯，它们都特别容易向富含油脂的食物中移溶。（4）工业废气、废水的不合理排放所造成的环境污染也会通过食物链危害人体健康。

3. 放射性污染：食品中的放射性物质有来自地壳中的放射性物质，称为天然本底；也有来自核武器试验或和平利用放射能所产生的放射性物质，即人为的放射性污染（见放射性污染对健康的影响）。某些鱼类能富集金属同位素，如 ^{137} 铯和 ^{90} 锶等。后者半衰期较长，多富集于骨组织中，而且不易排出，对机体的造血器官有一定的影响。某些海产动物也能富集金属同位素，如软体动物能富集 ^{90} 锶，牡蛎能富集大量 ^{65} 锌，某些鱼类富集 ^{55} 铁。

食品污染对人体健康的危害有多方面的表现。一次性摄入大量受污染的食品，可引起急性中毒，即食物中毒，如细菌性食物中毒、农药食物中毒和

霉菌毒素中毒等。长期（一般指半年到一年以上）摄入少量含污染物的食品，可引起慢性中毒。造成慢性中毒的原因较难追查，而影响又很广泛，所以应格外重视。例如，摄入残留有机汞农药的粮食数月后，会出现周身乏力、尿汞含量增高等症状；长期摄入微量黄曲霉毒素污染的粮食，能引起肝细胞变性、坏死、脂肪浸润和胆管上皮细胞增生，甚至发生癌变。慢性中毒还可表现为生长迟缓、不孕、流产、死胎等生育功能障碍，有的还可通过母体使胎儿发生畸形。已知与食品有关的致畸物质有醋酸苯汞、甲基汞、2,4-滴、2,4,5-涕中的杂质四氯二苯二恶英、狄氏剂、艾氏剂、DDT、氯丹、七氯和敌枯双等。

某些食品污染物还具有致突变作用。突变如发生在生殖细胞，可使正常妊娠发生障碍，甚至不能受孕，胎儿畸形或早死。突变如发生在体细胞，可使在正常情况下不再增殖的细胞发生不正常增殖而构成癌变的基础。与食品有关的致突变物有苯并（a）芘、黄曲霉毒素、DDT、狄氏剂和烷基汞化合物等。

有些食品污染物可诱发肿瘤。例如，以含黄曲霉毒素 B_1 的发霉玉米或花生饲养大鼠，可诱发肝癌。与食品有关的致癌物有多环芳烃化合物、芳香胺类、氯烃类、亚硝胺化合物、无机盐类（某些砷化合物等）、黄曲霉毒素 B_1 和生物烷化剂（如高度氧化油脂中的环氧化物）等。

食品污染的预防措施

预防食品污染必须采取综合措施，主要是：1. 制定、颁发和执行食品卫生标准和卫生法规。制定有关食品容器、包装材料的卫生要求和标准。制定食品运输卫生条例，以保证食品在运输过程中不受污染和避免因受潮而变质。2. 加强禽畜防疫检疫和肉品检验工作。3. 制定防止污染和霉变的加工管理条例和执行有关卫生标准。制定贯彻农药安全使用的措施和法规，提供更多高效、低毒、低残留农药以取代高毒、高残留农药（有机氯、有机汞等）。4. 加强对工业废弃物的治理。5. 加强食品检验和食品卫生监督工作。

知识点

无废技术

无废技术就是要实现"没有垃圾，只有资源"的神话，无废技术采取社会生产流程封闭循环的方式，使资源在生产的各个阶段都能得到充分利用，并且不排放污染物质，即甲产品排放的废弃物可作为乙产品的原料，乙产品的废弃物可作为其他产品的原料。

防不胜防的室内空气污染

室内空气污染是指有害的化学性因子、物理性因子和（或）生物性因子进入室内空气中，并对人体身心健康产生直接或间接、近期或远期，或者潜在的有害影响。"室内"主要指居室内，广义上也可泛指各种建筑物内，如办公楼、会议厅、医院、教室、旅馆、图书馆、展览厅、影剧院、体育馆、健身房、商场、地下铁道、候车室、候机厅等各种室内公共场所和公众事务场所内。有些国家还包括室内的生产环境。

新装修的居室要警惕空气污染

人们对室内空气中的传染病病原体认识较早，而对其他有害因子则认识较少。其实，早在人类住进洞穴并在其内点火烤食取暖的时期，就有烟气污染。但当时这类影响的范围极小，持续时间极短暂，人的室外活动也极频繁，因此，室内空气污染无明显危害。随着人类文明的高度发展，尤其是进入 20 世纪中叶以来，由于民用燃料的消耗量增加，进入室内的化工产品和电器设备的种类和数量增多，为了节约能源寒冷地区的房屋建造得更加密闭，室内污染因子日

渐增多而通风换气能力却反而减弱，这使得室内有些污染物的浓度较室外高达数十倍以上。

人们每天平均大约有80%以上的时间在室内度过。随着生产和生活方式的更加现代化，更多的工作和文娱体育活动都可在室内进行，购物也不必每天上街，舒适的室内微小气候使人们不必经常到户外去调节热效应，这样，人们的室内活动时间就更多，甚至高达93%以上。因此，室内空气质量对人体健康的关系就显得更加密切、更加重要。虽然，室内污染物的浓度往往较低，但由于接触时间很长，故其累积接触量很高。尤其是老、幼、病、残等体弱人群机体抵抗力较低，户外活动机会更少，因此，室内空气质量的好坏与他们的关系更为紧密。

室内空气污染的分类

室内空气污染物的来源大致分成3类。室内的人为活动产生的有害因子。人们在室内进行生理代谢，进行日常生活、工作学习等活动，这些可产生出很多污染因子。主要有以下几个方面：

1. 呼出气。呼出气的主要成分是二氧化碳。每个成年人每小时平均呼出的二氧化碳大约为22.6升。此外，伴随呼出的还可有氨、二甲胺、二乙胺、二乙醇、甲醇、丁烷、丁烯、二丁烯、乙酸、丙酮、氮氧化物、一氧化碳、硫化氢、酚、苯、甲苯、二硫化碳等。其中，大多数是体内的代谢产物，另一部分是吸入后仍以原形呼出的污染物。

2. 吸烟。这是室内主要的污染源之一。烟草燃烧产生的烟气，主要成分有一氧化碳、烟碱（尼古丁）、多环芳烃、甲醛、氮氧化物、亚硝胺、丙烯腈、氟化物、氰氢酸、颗粒物以及含砷、镉、镍、铅等的物质，总共3000多种，其中具有致癌作用的有40多种。吸烟是肺癌的主要病因之一。

3. 燃料燃烧。也是室内主要污染源之一。不同种类的燃料，甚至不同产地的同类燃料，其化学组成以及燃烧产物的成分和数量都会不同。但总的来看，煤的燃烧产物以颗粒物、二氧化硫、二氧化氮、一氧化碳、多环芳烃为主；液化石油气的燃烧产物以二氧化氮、一氧化碳、多环芳烃、甲醛为主。蜂窝煤在无烟囱的炉子内旺盛燃烧，厨房空气中二氧化硫可达17毫克/立方米，通常在 3 毫克/立方米左右；二氧化氮可高达 50 毫克/立方米，通常在 4 毫克/立方米左右；一氧化碳可达 300 毫克/立方米以上，通常 20~30 毫克/立方米；颗粒物在 1~2 毫克/立方米。有烟囱时，二氧化硫可降至约 0.05 毫克/立方米；二氧化氮在 0.6 毫克/立方米左右；一氧化碳约 6 毫克/立方米；颗粒物约 1.4 毫克/立方米。液化石油气燃烧充分而室内无抽气设备时，二氧化硫被检出至 0.05 毫克/立方米；二氧化氮为 10 毫克/立方米以上；一氧化碳为 3~4 毫克/立方米，颗粒物为 0.26 毫克/立方米；甲醛可达 0.1~0.4 毫克/立方米。

改善室内空气污染的对策

室内空气质量好坏直接影响到人们的生理健康、心理健康和舒适感。为了提高室内空气质量，改善居住、办公条件，增进身心健康，必须对室内空气污染进行整治。

1. 使用最新空气净化技术

对于室内颗粒状污染物，净化方法主要有静电除尘、扩散除尘、筛分除尘等。净化装置主要有机械式除尘器、过滤式除尘器、荷电式除尘器、湿式除尘器等。从经济的角度考虑，应首选过滤式除尘器；从高效洁净的角度考虑，应首选荷电式除尘器。

对于室内细菌、病毒的污染，净化方法是低温等离子体净化技术。配套装置是低温等离子体净化装置。

对于室内异味、臭气的清除，净化方法是选用 0.2~5.6 微米的玻璃纤维丝编织成的多功能高效微粒滤芯，这种滤芯滤除颗粒物的效率相当高。

对室内空气中的污染物，如苯系物、卤代烷烃、醛、酸、酮等的降解，采用光催化降解法非常有效。例如利用太阳光、卤钨灯、汞灯等作为紫外光源，使用锐态矿型纳米二氧化钛作为催化剂。

2. 合理布局及分配室内外的污染源

为了减少室外大气污染对室内空气质量的影响，对城区内各污染源进行合理布局是很有必要的。居民生活区等人口密集的地方应安置在远离污染源的地区，同时应将污染源安置在远离居民区的下风口方向，避免居民住宅与

工厂混杂的问题。卫生和环保部门应加强对居民生活区和人口密集的地方的跟踪检测和评价，以提供室内空气质量对人体健康的影响程度的资料。

3. 增加室内通风换气的次数

对于甲醛、室内放射性氡物质等，应增加通风换气次数，尤其是对甲醛的污染治理，其方法有 3 种：（1）使用活性炭或某些绿色植物；（2）通风透气；（3）使用化学药剂。室内放射性氡的浓度，在通风时其浓度会下降；而一旦不通风，浓度又继续回升，它不会因通风次数频繁而降低氡子体的浓度，唯一的方法是去除放射源。

对室内空气质量的要求不仅仅局限于家居，而包括所有的室内场所，如宾馆、酒店的房间、餐厅、娱乐场所、商场、影剧院、展览馆等，还有政府部门的办公室、会客室、学校以及其他办公场所。除重视科研与监测、加强队伍建设、制定行业标准、加强立法与宣传外，同时还要加大经费的投入，采用高新技术，研制新的高效率室内污染净化装置，消除室内空气污染，保障人们身体健康，这是十分迫切而必要的。

随着"以人为本"观念的逐步深入，人们对生存空间的质量越来越关注，对室内环境污染治理也日益重视。我们相信，在不久的将来，室内环境污染治理的状况一定会有一个较大的改观。

烦人的噪音污染

什么是噪声污染

随着近代工业的发展，环境污染也随着产生，噪声污染就是环境污染的一种，并已经成为一大危害。噪声污染与水污染、大气污染被看成是世界范围内 3 个主要环境问题。

噪声是发声体做无规则振动时发出的声音。

声音由物体振动引起，以波的形式在一定的介质（如固体、液体、气体）中进行传播。我们通常听到的声音为空气声。一般情况下，人耳可听到的声波频率为 20～20000 赫兹，称为可听声；低于 20 赫兹，称为次声波；高于

20000 赫兹，称为超声波。我们所听到声音的音调的高低取决于声波的频率，高频声听起来尖锐，而低频声给人的感觉较为沉闷。声音的大小是由声音的强弱决定的。从物理学的观点来看，噪声是由各种不同频率、不同强度的声音杂乱、无规律地组合而成；乐音则是和谐的声音。

判断一个声音是否属于噪声，仅从物理学角度判断是不够的，主观上的因素往往起着决定性的作用。例如，美妙的音乐对正在欣赏音乐的人来说是乐音，但对于正在学习、休息或集中精力思考问题的人可能是一种噪声。即使同一种声音，当人处于不同状态、不同心情时，对声音也会产生不同的主观判断，此时声音可能成为噪声或乐音。因此，从生理学观点来看，凡是干扰人们休息、学习和工作的声音，即不需要的声音，统称为噪声。当噪声对人及周围环境造成不良影响时，就形成噪声污染。

噪声的分类

噪声污染按声源的机械特点可分为：气体扰动产生的噪声、固体振动产生的噪声、液体撞击产生的噪声以及电磁作用产生的电磁噪声。

噪声按声音的频率可分为：小于 400 赫兹的低频噪声、400～1000 赫兹的中频噪声及大于 1000 赫兹的高频噪声。

噪声污染

噪声按时间变化的属性可分为稳态噪声、非稳态噪声、起伏噪声、间歇噪声、脉冲噪声等。

噪声有自然现象引起的（见自然界噪声），有人为造成的。故也分为自然噪声和人造噪声。

噪声的主要来源

1. 交通噪声：包括机动车辆、船舶、地铁、火车、飞机等发出的噪声。由于机动车辆数目的迅速增加，使得交通噪声成为城市的主要噪声来源。

2. 工业噪声：工厂的各种设备产生的噪声。工业噪声的声级一般较高，对工人及周围居民带来较大的影响。

3. 建筑噪声：主要来源于建筑机械发出的噪声。建筑噪声的特点是强度较大，且多发生在人口密集地区，因此严重影响居民的休息与生活。

4. 社会噪声：包括人们的社会活动和家用电器、音响设备发出的噪声。这些设备的噪声级虽然不高，但由于和人们的日常生活联系密切，使人们在休息时得不到安静，尤为让人烦恼，易引起邻里纠纷。

噪声的特性

噪声是一种公害，具有公害的特性；同时，它作为声音的一种，也具有声学特性。

噪声的公害特性

由于噪声属于感觉公害，所以它与其他有害有毒物质引起的公害不同。1. 它没有污染物，即噪声在空中传播时并未给周围环境留下什么毒害性的物质；2. 噪声对环境的影响不积累、不持久，传播的距离也有限；3. 噪声声源分散，而且一旦声源停止发声，噪声也就消失。因此，噪声不能集中处理，需用特殊的方法进行控制。

噪声的声学特性

简单地说，噪声就是声音，它具有一切声学的特性和规律。但是噪声对环境的影响和它的强弱有关，噪声愈强，影响愈大。衡量噪声强弱的物理量是噪声级。

噪声的危害

噪声污染对人、动物、仪器仪表以及建筑物均构成危害，其危害程度主要取决于噪声的频率、强度及暴露时间。噪声危害主要包括：

噪声对听力的损伤

噪声对人体最直接的危害是听力损伤。人们在进入强噪声环境时，暴露一段时间，会感到双耳难受，甚至会出现头痛等感觉。离开噪声环境到安静的场所休息一段时间，听力就会逐渐恢复正常。这种现象叫做暂时性听阈偏移，又称听觉疲劳。但是，如果人们长期在强噪声环境下工作，听觉疲劳不能得到及时恢复，内耳器官可能会发生器质性病变，形成永久性听阈偏移，又称噪声性耳聋。若人突然暴露于极其强烈的噪声环境中，听觉器官会发生急剧外伤，引起鼓膜破裂出血，迷路出血，螺旋器从基底膜急性剥离，有可能使人耳完全失去听力，即出现爆震性耳聋。

有研究表明，噪声污染是引起老年性耳聋的一个重要原因。此外，听力的损伤也与生活的环境及从事的职业有关，如农村老年性耳聋发病率较城市低，纺织厂工人、锻工及铁匠与同龄人相比，听力损伤更多。

噪声能诱发多种疾病

因为噪声通过听觉器官作用于大脑中枢神经系统，以致影响到全身各个器官，故噪声除对人的听力造成损伤外，还会给人体其他系统带来危害。由于噪声的作用，会产生头痛、脑涨、耳鸣、失眠、全身疲乏无力以及记忆力减退等神经衰弱症状。长期在高噪声环境下工作的人与低噪声环境下的情况相比，高血压、动脉硬化和冠心病的发病率要高 2~3 倍。可见噪声会导致心血管系统疾病。噪声也可导致消化系统功能紊乱，引起消化不良、食欲不振、恶心呕吐，使肠胃病和溃疡病发病率升高。此外，噪声对视觉器官、内分泌机能及胎儿的正常发育等方面也会产生一定影响。在高噪声中工作和生活的

人们，健康水平会逐年下降，对疾病的抵抗力减弱，诱发一些疾病，但也和个人的体质因素有关，不可一概而论。

噪声对正常生活和工作的干扰

噪声对人的睡眠影响极大，人即使在睡眠中，听觉也要承受噪声的刺激。噪声会导致多梦、易惊醒、睡眠质量下降等，突然的噪声对睡眠的影响更为突出。噪声会干扰人的谈话、工作和学习。实验表明，当人受到突然而至的噪声干扰一次，就要丧失4秒钟的思想集中。据统计，噪声会使劳动生产率降低10%~50%，随着噪声的增加，差错率会上升。由此可见，噪声会分散人的注意力，导致反应迟钝，容易疲劳，工作效率下降，差错率上升。噪声还会掩蔽安全信号，如报警信号和车辆行驶信号等，以致造成事故。

噪声对动物的影响

噪声能对动物的听觉器官、视觉器官、内脏器官及中枢神经系统造成病理性变化。噪声对动物的行为也有一定的影响，可使动物失去行为控制能力，出现烦躁不安、失去常态等现象，强噪声会引起动物死亡。鸟类在噪声中会出现羽毛脱落，影响产卵率等。

特强噪声对仪器设备和建筑结构的危害

实验研究表明，特强噪声会损伤仪器设备，甚至会使仪器设备失效。噪声对仪器设备的影响与噪声强度、频率以及仪器设备本身的结构与安装方式等因素有关。当噪声级超过150分贝时，会严重损坏电阻、电容、晶体管等元件。当特强噪声作用于火箭、宇航器等机械结构时，由于受声频交变负载的反复作用，会使材料产生疲劳现象而断裂，这种现象叫做声疲劳。

一般的噪声对建筑物几乎没有什么影响，但是噪声级超过140分贝时，对轻型建筑开始有破坏作用。例如，当超声速飞机在低空掠过时，在飞机头部和尾部会产生压力和密度突变，经地面反射后形成N形冲击波，传到地面时听起来像爆炸声，这种特殊的噪声叫做轰声。在轰声的作用下，建筑物会受到不同程度的破坏，如出现门窗损伤、玻璃破碎、墙壁开裂、抹灰震落、烟囱倒塌等现象。由于轰声衰减较慢，因此传播较远，影响范围较广。此外，在建筑物附近使用空气锤、打桩或爆破，也会导致建筑物的损伤。

噪音污染的防治

为了防止噪音，我国著名声学家马大猷教授曾总结和研究了国内外现有各类噪音的危害和标准，提出了 3 条建议：

1. 为了保护人们的听力和身体健康，噪音的允许值在 75~90 分贝。

2. 保障交谈和通讯联络，环境噪音的允许值在 45~60 分贝。

3. 对于睡眠时间建议在 35~50 分贝。

噪声对人的影响和危害跟噪声的强弱程度有直接关系。在建筑物中，为了减小噪声而采取的措施主要是隔声和吸声。隔声就是将声源隔离，防止声源产生的噪声向室内传播。在马路两旁种树，对两侧住宅就可以起到隔声作用。在建筑物中将多层密实材料用多孔材料分隔而做成的夹层结构，也会起到很好的隔声效果。为消除噪声，常用的吸声材料主要是多孔吸声材料，如玻璃棉、矿棉、膨胀珍珠岩、穿孔吸声板等。材料的吸声性决定于它的粗糙性、柔性、多孔性等因素。另外，建筑物周围的草坪、树木等也都是很好的吸声材料，所以我们种植花草树木，不仅美化了我们生活和学习的环境，同时也防止了噪声对环境的污染。

我国心理学界认为，控制噪音环境，除了考虑人的因素之外，还须兼顾经济和技术上的可行性。充分的噪音控制，必须考虑噪音源、传音途径、受音者所组成的整个系统。控制噪音的措施可以针对上述三个部分或其中任何一个部分。噪音控制的内容包括：

1. 降低声源噪音。工业、交通运输业可以选用低噪音的生产设备和改进生产工艺，或者改变噪音源的运动方式（如用阻尼、隔振等措施降低固体发声体的振动）。

2. 在传音途径上降低噪音，控制噪音的传播，改变声源已经发出的噪音传播途径，如采用吸音、隔音、音屏障、隔振等措施，以及合理规划城市和建筑布局等。

3. 受音者或受音器官的噪音防护，在声源和传播途径上无法采取措施，

或采取的声学措施仍不能达到预期效果时，就需要对受音者或受音器官采取防护措施，如长期职业性噪音暴露的工人可以戴耳塞、耳罩或头盔等护耳器。

噪音控制在技术上虽然现在已经成熟，但由于现代工业、交通运输业规模很大，要采取噪音控制的企业和场所为数甚多，因此在防止噪音问题上，必须从技术、经济和效果等方面进行综合权衡。当然，具体问题应当具体分析。在控制室外、设计室、车间或职工长期工作的地方，噪音的强度要低；库房或少有人去的车间或空旷地方，噪音稍高一些也是可以的。总之，对待不同时间、不同地点、不同性质与不同持续时间的噪音，应有一定的区别。

防治噪声污染的一些办法：1. 声音在传播中的能量是随着距离的增加而衰减的，因此使噪声源远离需要安静的地方，可以达到降噪的目的。2. 声音的辐射一般有指向性，处在与声源距离相同而方向不同的地方，接收到的声音强度也就不同。不过多数声源以低频辐射噪声时，指向性很差；随着频率的增加，指向性就增强。因此，控制噪声的传播方向（包括改变声源的发射方向）是降低噪声尤其是高频噪声的有效措施。3. 建立隔声屏障，或利用天然屏障（土坡、山丘），以及利用其他隔声材料和隔声结构来阻挡噪声的传播。4. 应用吸声材料和吸声结构，将传播中的噪声声能转变为热能等。5. 在城市建设中，采用合理的城市防噪声规划。此外，对于固体振动产生的噪声可采取隔振措施，以减弱噪声的传播。

无孔不入的电磁辐射

21 世纪是高度现代化的时代，家用电器在人们的生活中发挥着无可替代的作用，您的居室里也一定有着各式各样先进、便捷的家用电器：电视机、电冰箱、空调、微波炉、计算机、手机等等。然而，您是否想到，这些家用电器如果使用不当，也会给我们的身体带来危害。

与此同时，近些年来又兴起了一股防辐射风，这让很多人对家用电器产生了恐慌。

实际上，人的一生都是生活在电磁辐射的环境中。地球本身就是一个大磁场，可产生电磁辐射，太阳及其他星球也会产生电磁辐射。这些天然产生的电磁辐射对人体没有损害，对人体构成威胁、对居室环境造成污染的是人工生成的电磁辐射。

电磁辐射具有很宽的波谱，按照其对机体的作用不同，可以分为电离辐射和非电离辐射。大多数的家用电器无电离辐射，少数家用电器如电视、计算机虽然可以产生电离辐射，但其量非常小。

手　机

随着科学技术的发展和人们生活水平的提高，手机的普及程度越来越广泛。手机无论在使用的过程中，还是在待机状态下都会产生一定的电磁辐射。

手机对人体的辐射

手机辐射强度是比较小的，但手机的使用方法很特殊，即必须将受话器紧靠着人的耳朵，这样使人受到超量的电磁辐射。

关于手机对人体健康的危害这一话题一直困惑着人们。世界卫生组织至今也没有提出手机危害健康的确切证据。世界卫生组织认为，目前的科学技术水平显示还没有必要对手机的使用采取任何特别的防护措施。

微波炉

利用微波具有的热效应，可以将食品加热、烹熟或解冻、消毒。微波炉工作时产生的电磁辐射比较强。微波炉门关闭不严、排湿孔开得不合理、孔洞过大等原因都会使微波的能量泄漏出来，威胁使用者的身体健康。

微波炉具有很强的辐射性

微波最容易伤害到人的眼睛。眼睛长时间受到过量的微波辐射，会引起视力下降，甚至白内障。微波炉中泄露出来的微波在空间传播的衰竭程度，大致与离微波炉的距离平方成反比关系。

▶▶知识点

白内障

眼部晶状体混浊称为白内障。老化、遗传、代谢异常、外伤、辐射、中毒和局部营养不良等都可引起晶状体囊膜损伤，使其渗透性增加，丧失屏障作用，或导致晶状体代谢紊乱，使晶状体蛋白发生变性，形成混浊。白内障分先天性和后天性。

不可忽视的光污染

很多人对光污染这个名词比较陌生。其实，光污染是指环境中光照射（辐射）过强，对人类或其他生物的正常生存和发展产生不利影响的现象。人们把那些对视觉、对人体有害的光称为噪光。噪光带来的污染就是光污染。

居室中的光污染主要有以下几种形式：

阳光照射强烈时，居室内的各种釉面砖墙、磨光大理石和各种涂料等反射光线，明晃、白亮、炫目。

居室内装修时不良的光色环境构成的光污染。有些人在选用灯具时盲目地追求光的强度，居室装修中安装了各种灯光，如黑光灯、旋转灯、荧光灯以及闪烁的彩色光源，闪烁夺目，令人眼

城市中的光污染

花缭乱。

居室中的书簿纸张、电视机、计算机等都会产生光污染。有研究显示，特别光滑的粉墙和洁白的书簿纸张的光反射系数，比草地、森林或毛面装饰物面的光反射系数高几倍。

下面举一个真实的例子，说明光污染的危害。小李在买到新房后，请人对自己的新房进行了精心的设计和装修，特别是在墙面的选材和灯光的选择方面。然而在新居室里住了不到半年，小李就出现了视力急剧下降、头晕等症状。经过调查，原来是因为新房间的墙壁被打磨得过于平整光滑，卧室、起居室的墙面漆，厨房、浴室的瓷砖全部采用白色，地面也被打磨得照得出人影来。

有数据表明，白粉墙的光反射系数为 69% ~ 80%，镜面玻璃的光反射系数为 82% ~ 88%，特别光滑粉墙的光反射系数高达 90%，这大大超过了人眼的生理适应范围，会对人眼的角膜和虹膜造成伤害，抑制视网膜感光细胞功能的发挥，引起视疲劳和视力下降。

光污染虽然不像空气污染、水污染那样在环境中残留一段时间，但是其对环境产生的危害还是很严重的。人们长期生活或工作在过量的或不协调的光辐射下会出现头晕、心慌、失眠和情绪低落等神经衰弱症状。

避免居室内光污染的最好办法是选择居室内装修装饰材料时，在保证室内合理的光环境的前提下，尽量避免使用反射系数较大的装饰材料，以减轻和克服光污染。

在居室内光源强度的选择上最好根据不同的环境，选择不同的光强度。例如，卧室的光强度在 100 ~ 200 勒克斯（LX）比较适宜。同时，在布置镜子和灯具时，可根据反射规律来确定灯的位置，既能获得需要的光强度，又不会让刺眼的灯光影响到人的眼睛。

知识点

光强度

光强度是发光强度的单位，代号 cd。是一光源在给定方向上的发光强度，

该光源发出频率为 540×10^{12} 赫兹的单色辐射，且在此方向上的辐射强度为 1/683 瓦特每球面度。发光强度单位最初是用蜡烛来定义的，单位为烛光。1948 年第九届国际计量大会上决定采用处于铂凝固点温度的黑体作为发光强度的基准，同时定名为坎德拉，曾一度称为新烛光。1967 年第十三届国际计量大会又对坎德拉作了更加严密的定义。由于用该定义复现的坎德拉误差较大，1979 年第十六届国际计量大会决定采用现行的新定义。

大家行动起来

DAJIA XINGDONG QILAI

环境保护（简称环保）是由于生产发展导致的环境污染问题过于严重，首先引起发达国家的重视，利用国家法律法规约束和舆论宣传而逐步引起全社会重视，由发达国家到发展中国家兴起的一场保卫生态环境和有效处理污染问题的措施。

随着人类对环境认识的深入，环境是资源的观点，越来越为人们所接受。空气、水、土壤、矿产资源等，都是社会的自然财富和发展生产的物质基础，构成了生产力的要素。由于空气污染严重，国外曾有空气罐头出售；由于水体污染、气候变化、地下水抽取过度，世界许多地方出现水荒；由于人口猛增、滥用耕地、土地沙漠化，使得土地匮乏等等。由此我们可以看到，不保护环境，不保护环境资源，就会威胁到人类社会的生存，也影响到国民经济能否持续发展下去。

《寂静的春天》 与人类环保意识的觉醒

从前，有一个城镇，这里的一切生物和周围的一切是那么的和谐。城镇被棋盘般排列的整齐的农场包围着，四周是茂盛的庄稼地，小山下是硕果累

累的果树林。春天，繁花点缀在绿色的原野上；秋天，透过松树的屏障，能看见橡树、枫树和白桦闪射出火焰般的彩色光辉，狐狸在小山上欢快地叫着，小鹿静悄悄地穿过笼罩着秋天晨雾的原野。

沿着通往城镇的小路两旁，生长着葱郁的月桂树和挺拔的赤杨树，巨大的羊齿植物掩映着斑斓灿烂的野花。即使在冬天，小路两旁也十分热闹，无数的小鸟飞来，在露出于雪层之上的浆果和干草的蕙头上寻觅食物。在整个春天和秋天，这个地区是鸟类的天堂，无数迁徙的候鸟蜂拥而至，它们炫耀着嘹亮婉转的歌喉，显示飞翔时优美的身姿。清凉透彻的小溪从山中蜿蜒流出，欢快地唱着，注入绿荫掩

寂静的春天

映的池塘。池塘里，小鱼们相互追逐着、嬉戏着。爱好自然和户外活动的人们追随着春的气息，长途跋涉来到这里，沉浸在自然的美丽和观鸟、钓鱼的享受之中。

直到有一天，一个奇怪的阴影笼罩了这个地区，一切都开始发生变化。死神在四处游荡，神秘莫测的疾病袭击了村民们养的成群的小鸡，牛羊等牲畜也病倒并逐渐死去。人们也开始患上奇怪的疾病，医生的诊所里往来的病人络绎不绝。一些孩子在玩耍时突然倒下，几小时内小小的心脏便停止了跳动。

一种奇怪的令人恐惧的寂静笼罩着这个地方。这是一个没有声息的春天。这里的清晨曾经荡漾着百鸟的啼鸣，曾经奏鸣着生命的合唱，现在什么声音都没有了。鸟儿都到哪里去了呢？人们不安地猜疑着。在一些地方偶尔能看见零星的鸟儿，却是气息奄奄，无力飞翔。母鸡仍在耐心地孵蛋，但小鸡却永远不会破壳而出。猪窝中躺着几只刚出生几天的小猪的尸体；苹果花孤寂地开着，听不见蜜蜂飞翔时翅膀嗡嗡的扇动声。曾经生长在小路两旁茂密的

植被，现在犹如遭受了火灾的浩劫，焦黄、枯萎。小溪也变得寂寞，看不见游动的小鱼，也没有其他的生命来拜访它了。

这是美国海洋学家、环境学家蕾切尔·卡逊在《寂静的春天》一书中描绘的关于明天的寓言。这个关于明天的描画，足可以深深地吸引读者，使读者继续读下去，想弄明白究竟发生了什么。原来，这个没有生命气息的春天是化学杀虫剂造成的恶果。化学杀虫剂对自然环境、生物、人体健康、基因等都有可怕的影响，杀虫剂的致命效用是不分对象的，滥用杀虫剂可能导致生命的毁灭。蕾切尔·卡逊在这本书中所作的预言，虽然没有完全变成噩梦般的现实，但它所凭据的确凿事实和科学根据，说明它并非虚妄之谈。它为大自然敲响的警告之钟，确实应该引起人们的思考和行动。《寂静的春天》是一本具有深远意义的书，它的影响远远超过了作者对它的最初期望，它掀起了一场环境革命，我们可以把它称为触发人类觉醒的第一次环境革命。

昆虫始终是地球上所有生物中种类最繁多、数量最大的。在人类出现以前，昆虫作为大自然众多生命的组成部分，与自然界和谐共处。它们以各种各样的生存方式，参与地球的生态循环，无所谓利、无所谓弊。人类出现之后，所有的一切都以人类利益为标准被划分，对人类有利的，即为益；对人类不利的，即为害。50多万种昆虫中有一小部分由于与人类的利益发生了冲突，便被人们列入害虫之列。它们要么与人类争夺食物，要么传播疾病。不管是哪一类的害虫，总是令人讨厌的，人们总希望去之而后快。例如，夏季猖獗的蚊子、苍蝇，在厨房里爬来爬去的蟑螂、蚂蚁，都是不受人类欢迎而又难以去除的。以农业作物为食的昆虫，啃食作物，降低作物产量。它们犹如从人类口中夺食，农民们恨之入骨。

在人类社会开始发展农业的初期，昆虫并未成为一种祸患。昆虫问题是伴随着农业的发展而越来越明显、越来越严重的。任何一种生物的生存，都需要特定的环境，昆虫也是如此。农业的发展以单一作物大面积种植的扩展为特征，大面积的单一作物为某些昆虫的繁殖和激增提供了一个温床。

人们被迫面对昆虫的攻击和烦扰，因而努力寻找一种方法去消除它们。在这种需要下，人工合成化学药物工业在第二次世界大战后异军突起，飞速发展。二战前，杀虫剂主要是简单的无机物，来源于天然生成的矿物质和植

物生成物；二战后的合成杀虫剂具有更强烈的药力：它们不仅能杀死昆虫，还会随着食物链的积累和传递，进入生物体内最重要的生理过程，使这些生理过程发生致命的病变。

　　DDT 的例子极具典型性。1874 年，一位德国化学家就合成了 DDT。直到 1939 年，瑞士的保罗·穆勒才发现它作为杀虫剂有奇效。DDT 在被广泛使用的开始阶段，被誉为根绝害虫传染性疾病的手段和一夜间杀死农田害虫的高招。保罗·穆勒甚至因为它而获得了诺贝尔奖。在二战时，粉末状的 DDT 用于喷洒在成千上万的士兵、难民和俘虏身上，以消灭虱子。DDT 这种用途被广泛使用看起来并没有造成直接损害，因此，人们误以为它是一种无害的药品。而实际上，作为一种有机物，DDT 易融于油性溶剂中。粉末状的 DDT 不容易被皮肤吸收，并不说明它不具毒性。它可以通过消化道慢慢被吸收，进入生物体中富含脂肪质的器官内。最可怖的是，

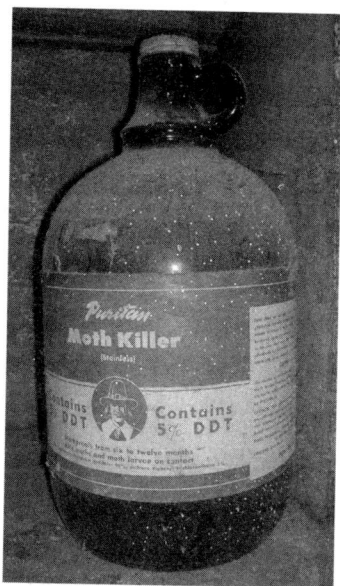

威胁人类健康的 DDT

DDT 在体内是不容易被代谢的，它的浓度可逐渐积累，并随着食物链传递，浓度不断增大。例如，如果用喷洒过 DDT 的苜蓿喂鸡，鸡体内就会累积 DDT，鸡蛋中也就含有 DDT，人吃了这样的鸡和鸡蛋，DDT 就会转移到人体中。DDT 产生的影响如此广泛，以至于在远离 DDT 使用地区的南极大陆上的企鹅体内，也检测出 DDT 的存在。在动物实验中，科学家发现，3 毫克/千克的 DDT 就能阻止心肌中的一种主要酶的活动；5 毫克/千克就会引起肝细胞的坏死和瓦解。

　　再者，杀虫剂是没有辨别能力的，它消灭昆虫的同时，也危害了其他生物。这些化学药品进入土壤，危害着土壤中的生物；进入水体，危害着水中的生物和饮用水的生物；它们还进入生物圈，伴随食物链逐级传递，影响生物的生理过程，甚至可能诱导癌症的发生和基因的突变。生物世界的生存是

一场你死我活的斗争，就像达尔文的理论一样，物竞天择，适者生存。在人类与昆虫的战争中，昆虫以其顽强的耐力和灵活的变通性继续生存下来。在大力推行化学喷洒药品的重压下，昆虫群体中体质较弱的被消灭了，体质较强的却一代代地繁衍下来。这些存活下来的昆虫及其后代具备了很强的抗药性。

蕾切尔·卡逊罗列了各种事实论证了滥施杀虫剂的危害后，指出了另外一条道路——生物控制之路。但她提出的另一个观点或许更令人深思：归根到底，要靠我们自己做出选择。如果在经历了长期的忍受之后，我们终于已坚信我们有"知道的权力"，如果我们由于认识提高而已断定我们正被要求去从事一个愚蠢而又吓人的冒险，那么有人叫我们用有毒的化学物质填满我们的世界，我们应该永远不再听取这些人的劝告；我们应该环顾四周，去发现有什么道路可使我们通行。她召唤民众发起一场运动，保护我们生活的环境。

长期以来，人类始终以一种征服自然、改造自然的态度来对待自然界，以为科学技术是解决一切问题的灵丹妙药，以为一切都可用人工方式加以控制。人们在实行某种措施、应用某项科学技术之前，往往没有认真地探究这些措施和技术究竟会带来哪些利弊。人类的生产活动，也往往只顾眼前的局部的既得利益，忽视了对未来或对更大范围环境的不良影响。人们始终将大自然作为一个对手和控制对象来看待，粗暴地对待它、利用它。人类将自己置于一个统治者和独裁者的地位，根据自己的喜好和利益来肆意改变自然，却忘了人类源于自然，无论何时，人类都只是自然的一个组成部分。

那时的人类如此地骄傲自大，似乎从没怀疑过自己的正确性，人类的经济活动的运作也基本上是建立在对自然的不尊重和无知之上。

回顾历史，《寂静的春天》就像是荒野中的一声呐喊，第一次给人类敲响了警钟。1962年，当《寂静的春天》第一次出版时，公共政策研究和制定中还没有"环境"这一说法。尽管几大著名的污染事件已经发生，但人们还没有深刻意识到人类对环境的影响究竟到了什么程度，大自然又是如何来报复人类的。因此，《寂静的春天》出版后，不仅在民众间引起了巨大反响，而且在工业界引起了轩然大波。它那惊世骇俗的关于农药危害人类的预言，曾受到了与农药利益攸关的经济和化学工业部门的猛烈抨击，但同时也强烈震撼

了广大民众。

《寂静的春天》出版后，立即受到了人民大众的热烈欢迎和广泛支持。人们开始关注环境问题，开始考虑经济活动和政府行动对环境的影响。《寂静的春天》播下的第一次环境革命的种子深深植根于民众之中。当《寂静的春天》发行超过50万册时，美国的哥伦比亚广播公司为它制作了一个长达一个小时的节目，甚至当两大出资人停止赞助后，电视网还继续广播宣传。由于民众给予的压力日增，政府也被迫介入了这场环境运动。1963年，美国总统肯尼迪任命了一个特别委员会调查书中的结论。结果证明，卡逊对农药潜在危害的警告是正确的。国会立即召开听证会，美国第一个民间的环境组织应运而生，美国环境保护局也在此背景上成立起来。

《自然保护主义者书架》这样评论《寂静的春天》："在美国，它成为当时正在出现的环境运动的奠基石之一，并且在由国家公园式的自然保护的视角向关注污染的视角转变的过程中，发挥了主要的作用。"《寂静的春天》造成的社会影响甚至可以与《汤姆叔叔的小屋》造成的社会影响相媲美。由于环境问题的长期性，也许它的作用更具有时间上的永恒性。蕾切尔·卡逊警告了一个任何人都很难看见的危险，并试图将环境问题提上国家的议事日程。她的影响力超过了书中所描述的事实，她使人们反思人类对自然的一贯态度；她暗示环境不仅是工业和政府的责任，也是每个公民的责任和权利。令她欣慰的是，她的希望已经部分地变成了现实。美国副总统阿尔·戈尔在为《寂静的春天》再版所做的前言里说："在精神上，蕾切尔·卡逊出席了本届政府的每一次环境会议。我们也许还没有做到她所期待的一切，但我们毕竟正在她所指明的方向上前行。"是的，整个世界都在她指明的方向上前行。

知识点

蕾切尔·卡逊与《寂静的春天》

蕾切尔·卡逊是一个海洋生态学家，1907年出生，1935～1952年供职于美国联邦政府所属的鱼类和野生生物调查所，因此有机会接触大量的环境问题。她以一个科学家尊重事实的高度责任心和非凡的个人勇气，将化学农药对生物、环境和人体造成的损害进行了无情的揭露。1962年该书一出版，一批有工业后台的专家首先在《纽约人》杂志上发难，指责蕾切尔·卡逊是歇斯底里的病人和极端主义分子。随着广大民众对这本书的注意越来越广泛，反对卡逊的势力也空前集结起来，蕾切尔·卡逊和《寂静的春天》受到了种种非难和攻击。蕾切尔·卡逊并非无中生有，她本着对科学忠诚的信念和对人类命运前途的关心，将自己生命的最后精力全部灌输到这本书中，向人们提出了一个一直被忽略的问题，最终，卡逊和《寂静的春天》还是被大众接受并认可，卡逊也因此成为环保主义者所推崇的先行者。《寂静的春天》写作之时，蕾切尔·卡逊因患乳腺癌切除了乳房，同时还在接受放射性治疗，该书出版2年后，她心力交瘁，与世长辞，然而她的精神却永远与环保精神同在。

环境的可持续发展战略

我们共同的未来

从太空中看到的地球是一个仅由白云、海洋、绿色植被和土壤组成的生态之球。人类在历史的进程中，不断地改变它并确实取得了长足进步，但我们也不能忽视人类对生态环境造成的负面影响和破坏。环境污染、资源匮乏、全球环境问题、人类共有资源的管理问题、贫困问题、粮食问题、世界安全问题、国际间的经济和政治关系等等，这些是单凭技术就可以解决的吗？人类是否可以仅仅生活在一个只有经济关系的社会中呢？环境问题和资源问题是否仅靠环境保护机构和资源管理机构就可以解决呢？在处理各种问题时，各国之间应该采取什么样的态度呢？在人类的发展道路上，我们应该采取一种什么样的生产方式和消费模式呢？什

么样的发展是基于自然资源基础之上的发展，并且可以长久地持续下去呢？

人们在思考、探索这些问题的过程中，先后提出过"有机增长"、"全面发展"、"同步发展"和"协调发展"等构想。

1980 年 3 月 5 日，联合国向全世界发出呼吁："必须研究自然的、社会的、生态的、经济的以及利用自然资源过程中的基本关系，确保全球持续发展。"1983 年 12 月，联合国成立了世界环境与发展委员会（WCED），挪威首相布伦特兰夫人担任委员会主席，负责制订一个"全球变革的日程"，要求提出到 2000 年以至以后的可持续发展的长期环境对策；提出处于不同社会经济发展阶段的国家之间广泛合作的方法；研究国际社会更有效地解决环境问题的途径和方法；协助大家建立对长远环境问题的共同认识，并为之付出努力，确定出今后几十年的行动计划等。当时，布伦特兰夫人作为挪威首相还要负责处理国家日常事务，而且联合国的任命也并非是轻松的使命和责任，整个目标看起来有些超过现实。整个国际社会也对世界环境与发展委员会是否能够有效地解决这些全球性重大问题持怀疑态度。但是，布伦特兰夫人决定接受这一挑战，因为她认为，严峻的现实不容忽视。既然对于这些根本性的严重问题没有现成的答案，那么除了向前走、去摸索解决方法外，别无选择。为了能够综合地、全面地考察环境问题和发展问题，为了能够综合不同发展阶段各个国家的利益和观点，为了能够更科学地反映复杂的社会和环境系统，具有广泛背景的 22 位成员组成了一个工作委员会。他们分别来自科学、教育、经济、社会及政治领域，其中 14 名成员来自发展中国家，以反映世界的现实情况。中国的生态学家马世骏教授也是委员会成员之一。由于委员会成员具有不同的价值观和信仰，不同的工作经历和见识，在如何看待和解决人口、贫困、环境与发展问题上，起初存在一些分歧意见，但经过长期思考和超越文化、宗教和区域的对话后，他们跨越了文化和历史的障碍，于 1987 年 4 月提交了一份意见一致的报告：《我们共同的未来》，正式提出了要在全球范围内推广可持续发展的模式。

在《我们共同的未来》中，第一次明确地给出了"可持续发展"的定义，即"可持续发展是既满足当代人的需要，又不对后代人满足其需要的能力构成危害的发展"。这一概念有两层含义：1. 我们需要发展以满足当代人的基本需要（尤其是贫困人民的基本需要）；2. 这种发展又应该以不破坏未来人实现其需要的资源基础为前提条件。简单地说，贫穷国家大多数人的基本需求——粮食、衣服、住房、就业等应该通过发展得到满足，但是如果这些满足是通过破坏资源和环境基础来实现的，如砍伐森林、过度捕捞渔业资源、造成严重的环境污染等，那么这种发展就是不可持续的。对那些经济发达国家来说，保持他们高消费的生活方式，意味着对生态环境和资源施加更大压力，那么这种消费模式也是不可持续的。

可持续的发展并不等于一切停止不前，保持现状。对那些尚未解决温饱问题的发展中国家而言，为了提高人民的生活水平，满足人们的基本需求，发展是必需的、紧迫的。为了满足基本需求，不仅需要那些国家的经济增长达到一个新的阶段，而且还要保证那些贫穷者能够得到可持续发展必需的自然资源的合理份额。

在我们满足当代人的需求之时，不论是满足富国的需求还是满足穷国的需求，都应该想到我们所拥有的地球，不是从祖先那里继承来的，而是从子孙后代那里借来的。因此，我们必须考虑到后代人的利益。1992 年的世界环境与发展大会上，13 岁的加拿大女孩塞文·苏左克发表了一次感动世界的讲演。她说："我们没有什么神秘的使命，只是要为我们的未来抗争。你们应该知道，失去我们的未来，将意味着什么？……请不要忘记你们为什么参加会议，你们在为谁做事。我们是你们的孩子，你们将要决定我们生活在什么样的世界里……"这是一个孩子对恣意挥霍自然资源的父辈们的请求和呼吁。

可持续发展概念看起来是一个抽象的、理论性的东西。我们这个现实的世界是一个什么样的世界呢？现存的各种全球性问题又是如何联系在一起的呢？

该报告对当前人类在经济发展和环境保护方面存在的问题进行了全面和系统的评价，指出经济发展问题和环境问题是不可分割的；许多发展形式损害了它们立足的环境资源，环境恶化又可以破坏经济发展。人类的活动影响国家、部门甚至有关的大领域（环境、经济和社会），整个地球正在实现巨大的发展和根本的变迁。这些巨大的变化将全球的经济和全球的生态以新的形式联系在一起。过去，人们一直在关注经济发展给环境带来的影响，现在，人们不得不面对生态破坏对经济发展的反作用力。而且，各个国家之间，不

仅在经济上互相依赖着，在生态和环境上也日益密切地联系在一起。无论是在局部、地区、国家还是全球范围内，生态、环境和经济已经紧密交织成一张巨大的因果网。

生态、环境与经济的紧密联系应该是人类社会发展的基本出发点。在人类发展前景的问题上，该报告指出：

人类有能力使发展继续下去，也能保证使之满足当前的需要，而不危及下一代满足其需要的能力。可持续发展的概念中包含着制约的因素——不是绝对的制约，而是由目前的技术状况以及环境资源方面的社会组织造成的制约和生物圈承受人类活动影响的能力造成的制约。人们能够对技术和社会组织进行改善，以开辟通向经济发展新时代的道路。

这是一种乐观的态度，但又不是盲目乐观。人类有能力发展下去，但人类必须意识到人类发展是有限制的发展。生物圈所能承受的压力是有一定的物理极限的，然而，人类可以通过调整人类自身的发展力求不突破生物圈所能容忍的限度。在技术进步、社会关系以及政策调整等方面，人类可以大有作为，可以通过改善人类自身的活动走向可持续发展。

《我们共同的未来》明确提出了一些急需改变的领域和方面，这些问题可以概括如下

1. 改变生产模式

工业是现代化经济的核心，也是社会发展不可缺少的动力。通过原材料开发和提取、能源消耗、废物产生、消费者对商品的使用和废弃这一循环过程，工业及其产品对文明社会的资源库产生了影响。这种影响可能是积极的——提高了资源质量或扩大了资源利用范围；也可能是消极的——即生产过程和产品消费过程中产生了污染、导致资源耗竭和资源质量下降等问题。如果工业发展要长期持续，就必须从根本上改变发展的质量。根据联合国工业发展组织的报告，如果发展中国家工业品的消费水平上升到目前工业化国家的水平，则世界工业产量必须提高 2.6 倍。如果人口增长按预计的速度发展，到 21 世纪某一时期世界人口大致稳定时，世界工业产量预计需要上升至现在 5~10 倍。这种增长将给未来的世界生态系统及其自然资源基础带来严重影响。因此，工业和工业过程应该向以下几个方面发展：更有效地利用资源；

更少地产生污染和废物；更多地立足于可再生资源而非不可再生资源；最大限度地减少对人体健康和地球环境的不可逆转的影响。

2. 适度的消费模式

全球可持续发展要求较富裕的人们能够根据地球的生态条件决定自己的生活方式。只有当各地的消费模式重视长期的可持续性，超过最低限度的生活水平才能持续。可持续发展要求促进这样的观念，即鼓励在生态环境允许的范围内的消费标准和所有的人可以遵从的标准。这些话看起来有些晦涩难懂，但核心只有一个：人们的消费方式应该与生态环境的承载力相一致，发达国家高消费的生活模式对资源施加了太大的压力；这种消费模式不应该受到鼓励和支持，而应该予以改变。同样，存在于发达国家和发展中国家以及不发达国家的某些消费方式也是需要改变的。

3. 综合决策机制

许多需要对人类发展问题进行决策的机构，基本上都是独立且分散存在的。它们往往只考虑部门内部的职责，按照各部门的要求而行事。例如，负责管理和保护环境的机构与负责经济的机构在组织上是分开的。有些部门的政策对部门的目标有利，对环境却是有害的。政府往往未能使这些部门对其政策造成的环境损害负起责任来。举例来说，过去工业部门只负责生产产品，而污染问题留给环境部门去解决。电力部门只管发电，酸性尘降等问题也让其他专门机构去处理。国家实行一项政策措施，也很少考虑该政策对环境的可能影响，一旦产生不良环境影响再做修补工作。这些事后的修补常常需要很高的费用，而且，一些生态影响是不可避免的。因此，在各个部门行使自己的职责时应该将生态和环境的利弊综合考虑进去，进行综合决策，就可以避免可能的环境后果。这种综合决策机制，目前在全球范围内受到极大重视，研究者和决策者都在试图通过这种综合决策机制，寻求一种既能满足经济发展要求，又能对环境进行妥善保护甚至是改善的"无悔政策"或"双赢政策"。

4. 人口问题

在世界的很多地方，人口的高速增长超过了环境能够长期支持的数量。粮食、能源、住房、基础设施、医疗卫生和就业等都赶不上人口的增长速度，现在的问题不在于人口数量多大，而在于人口的数量和增长率怎样才能与不

断变化的生态系统的生产潜力相协调。人口控制对一定生态环境和减缓资源基础耗竭非常重要。政府应该制订人口政策，通过各种形式来实现人口控制目标，并通过社会、文化和经济手段实施计划生育，不仅控制人口的数量，同时改进人口的整体质量。

5. 粮食保障

该报告指出，目前全世界的人均粮食产量比人类历史上的任何时期都要高，但由于粮食生产和分配的不均衡，仍然有 11 亿人无法得到足够的粮食。通过充分利用人类已经拥有的关于农业生产方面的技术，制订粮食供给和生活保障的新政策，可望实现保障世界粮食充足供给的目标。

6. 能源消费

取暖、煮饭、制造产品、交通运输等人类生活中最基本的服务都是能源提供的动力。目前，人类主要依赖于矿物燃料和薪柴。矿物燃料的使用面临着枯竭的困境，据估计，石油可利用 50 年，天然气可利用 200 年，煤炭可利用 3000 年。同时，矿物燃料燃烧还带来了严重的污染问题：温室气体二氧化碳的大量排放、酸雨问题、颗粒物和氮氧化物等大气污染物的排放等等，都与矿物燃料的生产和消费过程相关。因此，提高能源效率、节约能源、开发可再生能源（如水电、太阳能、风能、生物燃料等）将会帮助我们解决能源问题，实现可持续发展。

另外，《我们共同的未来》中还探讨了国际经济对发展和环境的作用，如何管理人类的共有资源（海洋、外层空间、南极洲），如何建立一个安全稳定的国际秩序，国际机构在走向可持续发展道路中的地位和作用，公众参与的必要性、环境投资等问题。

可以说，《寂静的春天》掀起了第一次环境革命，辩论的焦点是环境质量与经济增长之间的关系，人们开始意识到环境问题，重视环境污染，并努力采取技术措施减小环境污染的损害。《我们共同的未来》则标志着第二次环境革命的到来，它重新界定和扩大了许多原有的概念，提出了"可持续发展"这一人类发展模式，并使得可持续发展成为第二次环境革命中最引人注意的词汇。它是人们对人类社会发展模式与环境关系的进一步思考和探索，辩论的焦点则转移到怎样达到有利于环境的经济增长的讨论上。它从环境保护的

环境与发展

角度来倡导保持人类社会的进步和发展，号召人们在增加生产的同时，必须注意生态环境的保护和改善。它明确提出要变革人类沿袭已久的生产方式和生活方式以及决策机制，调整现行国际经济关系，并大声呼吁旨在动员民众参与的环境运动。在报告的最后，委员会宣称："以后的几十年是关键时期，破除旧的模式的时期已经到来。用旧的发展和环境保护的方式来维持社会和生态的稳定的企图，只能增加不稳定性；必须通过变革才能找到安全。"

这场变革已经开始，为了拥有一个美好的共同未来，世界各国正在合作中寻找一条符合自己国情的可持续发展之路。于是，1992年，联合国在巴西的里约热内卢召开了"联合国环境与发展大会"，树立了环境和发展相协调的观点，并提出被世界各国普遍接受的可持续发展战略。可持续发展不仅成为理论学家和政治家必说的名词，而且，通过各国制定的可持续发展行动计划，它已经成为当今规模最浩大的实践活动。

▶ 知识点

桑基鱼塘

长江三角洲和珠江三角洲都是鱼米之乡，又都有种桑养蚕的传统。"桑基鱼塘"是该地区著名的生态农业模式，在易发生水灾的低洼地区挖塘养鱼，在鱼塘的田埂上种植桑树。桑叶用来养蚕，蚕蛹和蚕桑废弃物喂猪，猪粪和蚕沙喂鱼，鱼塘中的淤泥用于做桑树的肥料。这样，就构成了一个小小的生态循环系统。这些生态农业的模式，都尽可能地将绿色植物合成的能源和物质进行多次使用，一项农业活动的废弃物作为另一项农业活动的投入原料，提高了资源的利用效率。同时，在整个生产活动中，投入的原料基本上是自

然产品，不会造成污染。

《21 世纪议程》与可持续发展战略

在 1992 年召开的第二次人类环境与发展大会上签署的 5 个文件中，最富有指导意义的就是《21 世纪议程》。该议程充分体现了当今人类社会可持续发展的新思想和新概念，反映了环境与发展领域的全球共识和最高级别的政治承诺，而随后世界各国针对本国情况所制定和实施的国家级的《21 世纪议程》，将促使世界各国逐渐走上可持续发展的道路，共同走向我们的未来。

《21 世纪议程》是一个内容广泛的行动计划，该议程提供了一个从现在起至 21 世纪的行动蓝图，它几乎涉及了与全球可持续发展有关的所有领域。《21 世纪议程》原文有 20 多万字，下面只就重点问题做简单的介绍。

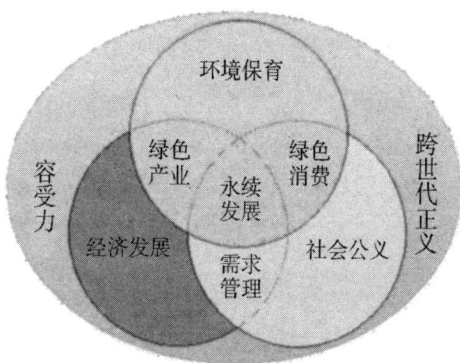

可持续发展示意图

总体战略目标

可持续发展的总体战略目标，简单地说，就是长期、稳定、持久地满足人类的需求。首先需要澄清几个重要的概念：

"人类"是指当代人与后代人，包括不论性别、年龄、种族、贫富、信仰、国家和地区差别在内的所有的人。

"需求"是指人类对物质生活和精神生活的需求，是指合理的需求，即对自己、对他人，包括对当代人与后代人的利益都不造成损害的需求。这种需求不能超过地球承载力，在此前提下，"需求"还包括对于不断提高的物质和精神生活质量的需求。

　　"满足"是指人类对物质生活和精神生活欲望的达到或实现的一种心理状态。"满足"也应合理和科学，绝不能"人欲横流"，超越地球承载力或当前的生产水平。

　　"长期的"是指这种生活质量的提高是延续地、稳定地、不断地提高，而不是短期地、间断地提高。

　　可持续发展战略的最终目标是谋求人类长期利益的实现。

　　除了国家和地区的可持续发展战略目标外，还有部门、行业或产业的可持续发展战略目标问题。当然部门的、行业的或产业的可持续发展目标也都是为满足人类合理需求的总目标服务的，但也有它们自己的特点，例如：农业可持续发展的目标应包括保护基本农田和促进农业科技的进步；林业可持续发展的战略目标应包括提高林地覆盖的基本面积等；电子工业、信息产业等的可持续发展的目标，应包括提升高科技不断进步的潜力等；教育部门与科技部门的可持续发展的目标，应包括生产先进的基础设施和发展高水平的科技人才潜力等等。

可持续发展的战略重点

　　《21世纪议程》的可持续发展战略重点是社会、经济与环境的可持续发展。

　　可持续发展的核心是发展，是社会经济的共同发展。如果没有发展，社会就会停滞。但是这种发展的内容不但应包含社会经济的持续、稳定发展，还应包括人与人之间的和谐、平等和公正性的社会关系的发展。

　　经济可持续发展是《21世纪议程》总体战略的基础。这与我国以经济建设为中心的政策是相一致的。要建立一个可持续发展的社会，首先要建立一个可持续发展的经济。如果没有高度可持续发展的经济，人类的高度物质文明和精神文明就失去了物质基础，要提高综合国力和提高人民的生活质量，也必须要有强大的经济实力。同样，保护与改善环境也要有经济力量的支持，如治理污染、治理沙漠、改造盐碱地、防治土壤侵蚀以及垃圾处理厂的建设等都需要一定的资金和物质支持。发展经济就需要资源，但在我们的地球上资源是有限的，开发新的资源和能源需要经济实力，发展科技与教育也需要

有经济实力，所以经济可持续发展是可持续发展的基础。

但是，可持续发展绝不是单纯的经济问题和社会问题，更不是单纯的环境问题和资源问题，而是四者相互协调的问题。社会的可持续发展，要以经济的可持续发展为基础，要以环境和资源可持续发展作为必要条件。经济的可持续发展的关键在科技，基础在教育，因此它是和社会发展分不开的。同时经济的可持续发展还需要资源与环境作为支撑。因此，我们的经济增长和发展模式，必须实现从单纯地追求经济增长向可持续发展的转变。

历史告诉我们，工业革命之后流行的经济增长模式，特别是生产和消费模式已难以为继。这种模式虽然使一些地方富裕和发达起来，却在更多的地方造成了贫困和落后；虽然提高了人的生产能力，却过度地消耗了资源、破坏了生态平衡和生存环境；虽然满足了部分人的短期需要，却牺牲了人类长远的发展利益。

《21世纪议程》要求世界经济从单纯追求增长向可持续发展转变。传统的发展观体现为以片面追求国民生产总值增长为目标的"大量消耗资源，大量生产，大量消费，大量废弃"的过程。这种生产过程是不完全的。原始时代地广人稀，人类还能像"牧童"面对广阔草原一样，每破坏一地则迁移到另一地，可是现在已无地可迁。人类在享受物质文明之果的同时，也饱尝了环境污染的痛苦。现在，人类应该对其传统的经济增长模式进行全面反思。

从经济学角度讲，资源的稀缺可以通过价格和技术发展等因素调整；从物质和能量角度讲，其流通环节不畅和转换过程受阻需要外力来疏导、搭桥；从可持续发展角度讲，必须投入人力、物力来加强环境再生产的质和量。所以，人类困境的出路在于把传统经济增长改造为可持续经济发展，其关键是需要制度创新。

改变视环境保护只为公益性事业的看法，走出环保只是属于政府、法规管理范畴的误区，把市场机制引入环境保护领域。环境市场可由环境资源市场、环境产品市场和环境服务市场3个部分组成。

随着社会总体消费水平的提高，仅仅通过环境市场使环境成本内在化而被动地保护环境是不够的，人类还必须主动地去建设环境，以加强环境生产，提高污染消纳力和资源生产力。环境建设本身不应该仅作为一项公益事业或义务劳动。

在世界运行的基本层面上，我们不但要调和三种生产中每一种生产的内部运行环节的内容和机制，以保证三个生产本身的生机勃勃，而且还需要调和三个生产之间的联系方式和目标，以确保世界系统的和谐与可持续发展。

环境建设就是基于这种认识提出来的，目的在于使已本末倒置的三种生产运行关系从不和谐变为和谐，其作用机制是通过人的生产和物质生产的产品——劳动力和物力部分投入到环境生产中，在环境科学理论指导下提高环境生产力，从而保持、改善环境质量，增大环境承载力。

从物质和能量的流动角度，我们可以把传统的经济增长模式和可持续发展模式的特征表述为：

在传统的经济增长模式下，作为生产过程中被投入的环境质量和资源基本上是无价或低价的；但其生产的产品却是高价的。其物质、能量单向流动的结果导致了"大量生产，大量消费，大量废弃"的不可持续的经济增长。

把传统经济增长改造为可持续经济发展：首先强调的是要以真实成本使用环境和资源投入，其产品也要以真实价格出售；并强调清洁生产过程，从而使生产过程产生的废弃物达到最少。在进行物质和人的再生产的同时，还必须重视环境建设。

····▶▶▶ 知识点

《21世纪议程》的主要内容

《21世纪议程》共包括4个部分，40章。其主要涵盖的内容包括：

第一部分：社会经济方面。其中包括：为加速发展中国家的可持续发展而进行国际合作；贫困问题；消费模式；人口与可持续性；保护和促进人类健康；促进可持续的人类住区；制定政策以实现可持续发展。第二部分：为发展的需要，进行资源保护与管理。其中包括：保护大气；统筹使用土地资源；森林保护及合理利用；制止沙漠蔓延；保护高山生态系统；在不毁坏土地的条件下满足农业的需求；维持生物多样性；生物技术的环境无害化管理；保护海洋资源；保护和管理淡水资源；有毒化学物质的安全使用；危险废物

的管理；寻求解决固体废物的管理办法；放射性废物的管理。第三部分：加强主要团体的作用。主要包括：有关妇女的行动；持续的和公平的发展；可持续发展的社会伙伴关系。第四部分：实施的方法。主要包括：资金来源和提高环境意识；建立国家的可持续发展能力；加强可持续发展的机构建设；国际法律文件和机制。

让绿色文明成为主流

20世纪中叶，环境问题开始作为一个重大问题由一些科学家提出来。人类首先的反应是依据传统学科的理论和方法去研究相应的治理方法和技术。然而在实践中，人类进一步体会到，单靠科学技术手段，用工业文明时代的思维定式去对环境进行修修补补是不能从根本上解决问题的，必须在各个

绿色文明

层次上去调控和改变人类社会的思想和行为。人类终于认识到，人类对自然的态度涉及人类自身文明的生死存亡。

地球需要绿化，但这只是治标，就根本而言，首先应该绿化我们的心。环境污染是近、现代工业化过程的产物，但根源还是人心的问题，即是人性、道德、伦理、哲学层次上的问题。只有清除"心灵污染"，才是人类社会能够持续发展的根本途径。我们需要一种新的文明、新的道德伦理观来绿化我们的心。

绿色文明的宣言

生态学知识告诉我们：生物圈并不需要人类，而人类却绝对离不开生物圈。假如人类从地球上消失，生物圈可能会如常运作，而且会少很多污染，

多一些物种。

农业文明和工业文明曾分别被形象地比喻为黄色文明和黑色文明，农民赖以为生的黄土成为农业文明的象征，从工厂的烟囱和汽车排放出的滚滚黑色烟雾成为工业文明的特征。此外，它们还有一个共同特征：以牺牲环境为代价来换取经济的增长。

人类无论怎样推进自己的文明，都无法摆脱文明对自然的依赖。人与自然就像是一盘相互对弈的棋，而且这是一盘人类永远也下不赢的棋（直至人类自然或突然灭绝）。宇宙按其自然规律演化，如果人类违背这些规律，最终的输者必是人类。即使他们能攫取到一些满足，但最后连生存都将不可持续。

人可以无所不能，但绝对应该有所不为。

人类需要"进行一场环境革命"来拯救自己的命运，需要从对人类文明史的反思中建设一种新的人与自然可持续发展的文明。今天，一个环境保护的绿色浪潮正在席卷全球，这一浪潮冲击着人类的生产方式、生活方式和思维方式。人类将重新审视自己的行为，摒弃以牺牲环境为代价的黄色文明和黑色文明，建立一个人与大自然和谐相处的新的人类文明阶段——绿色文明。

绿色文明是对人类进入工业文明时期以来所走过的道路进行反思的结果。这些新观念的出现是历史的必然，是取代工业文明的新文明的核心内容。

绿色文明将是人类与自然以及人类自身间高度和谐的文明。人与自然相互和谐的可持续发展，是绿色文明的旗帜和灵魂。

绿色文明观把人与环境看作是由自然、社会、经济等子系统组成的动态复合系统，以人类社会和自然的和谐为发展目标，以经济与社会、环境之间的协调为发展途径。

绿色文明道德观提倡人类与自然的和谐相处、协调发展、协同演化，也就是说人类应理解自然规律并尊重自然本身的生存发展权；人类对自然的"索取"和对自然的"给予"应保持一种动态的平衡；绿色文明既反对无谓地顺从自然，也反对完全的统治自然。

绿色文明要求把追求环境效益、经济效益和社会效益的综合进步作为文明系统的整体效益。环境效益、经济效益和社会效益是应该而且可以相互促进的。如一个好的生态环境有利于人体健康和经济发展；经济发展则为生态

环境保护和社会发展提供物质基础；而社会的健康发展又使人们的环境保护意识和生产能力得以增强。

绿色文明认为技术是连结人类与自然的纽带。同时，技术又是一把双刃剑，一刃对着自然，一刃对着人类社会，所以必须对技术的发展方向进行评价和调整。

绿色文明要求打破传统的条块分割、信息不畅、"拍脑门"决策的管理体制；建立一个能综合调控社会生产、生活和生态功能，信息反馈灵敏，决策水平高的管理体制。这是实现社会高效、和谐发展的关键。

绿色文明主张人与人、国与国之间互相尊重，彼此平等。一个社会或一个团体的发展，不应以牺牲另一个社会或团体的利益为代价。这种平等的关系不仅表现在当代人与人、国与国、社团与社团的关系上，同时也表现在当代人与后代人之间的关系上。

在《中国的 21 世纪议程》中提出："在小学《自然》课程、中学《地理》课程中纳入资源、生态、环境和可持续发展内容；在高等学校普遍开设《环境与发展》课程，设立与可持续发展密切相关的研究生专业，如环境学等，将可持续发展贯穿于从初等到高等的整个教育过程中。"

只有共同的忧患，才有共同的行动；只有共同的行动，才有共同的未来。

人类共同居住在一个地球上，全球资源通过世界市场共享；全球环境问题跨越国界，影响每一个国家和每一个地球村民。要达到全球的可持续发展，必须建立起巩固的、全新的国际秩序和合作关系。保护环境、珍惜资源是全人类的共同任务。

如今，人们逐渐达成共识：走可持续发展之路，建立可持续的生产和生活方式是人类的唯一选择。清洁生产、环境标志、环境保护运动、绿色消费……绿色，已经进入到经济、政治、生活的各个领域，人类正在绿化自己。我们希望人类社会能因此进入一个生机勃勃、绿意盎然、充满希望的春天，在 21 世纪开创出绿色文明的崭新时代。

绿色使人想起树木、草地、青山碧水，想起春天；绿色象征生命，象征和平，象征勃勃的生机，象征繁荣。绿色是人与自然和谐相处、协调发展的人类新文明的标志。

绿色科技

经过漫长、曲折的人类文明进化过程，现在的人类已获得了以无数的方法在空前的规模上改造环境的能力。如果对此明智地使用，就可以给人类带来开发的利益和生活质量的提高；如果轻率地使用这种能力，就会给人类和人类环境造成无法估计的损害。因此，科技需要绿化。

科技需要绿化

人类发展的历史证明：科学技术在改变人类命运的过程中，具有伟大而神奇的力量。在人类面临环境退化和经济发展两难境地的今天，更是如此。

人口多少、经济水平和科学技术是人类活动中对环境影响最大的因素，大致可以用这样一个式子来表示：环境污染 = 排污系数 × 人均收入 × 人口。

那么为了控制环境污染，我们可以从等式右边分别入手：降低污染强度、减少人均收入和控制人口增长。

然而人口的合理增长和经济福利水平的持续提高是人类社会追求的福祉。相形之下，最有调节和控制弹性的变量就是经济活动的污染强度，即通过大幅度降低污染强度而实现在绝对人口总量增长、人均收入水平日益提高的情况下抑制环境退化的目标。

绿色科技

曾几何时，一些传统的诸如能源、化工、冶炼、酿造、造纸等领域的科技应用确实伴随着大量的污染问题。但随着科技的进步，已产生了许多对环境无害甚至有益的科技。问题的核心在于人们如何正确认识、掌握、发展和应用科技，使之与对人类福祉的追求并行不悖。实际上，我们是完全可以做到这一点的。

全面地认识科技，意味着我们不但要对现有污染强度大的技术进行淘汰或改造，降低其污染系数；还要对未来在发明和应用新技术时加以谨慎的评价。对于科技带来的影响，应不仅仅只从经济效益来衡量，还要从它对生态环境、对人体健康的直接影响和长期累积效应来衡量。评价指标应体现环境、社会和经济效益的统一。

形象地说，科技需要绿化。从现代环境保护角度来看，不是科技，而是科技伦理决定了人类的未来。

绿色生产

可持续农业

绿色生产

俗话说"民以食为天"，粮食是人类生存的基础，农业生产自古以来就是社会经济活动中的重要组成部分。在西方工业化国家，农业虽然在国民经济中所占的比重小于工业和服务业，但作为生产人类生存必需品的产业，农业仍然是重要的生产部门。我国是发展中的农业大国，农业需要负担 13 亿人口的吃饭问题，13 亿人口每天需要吃掉 8.2 亿千克的粮食。因此，粮食的充足供应和农业生产水平的提高对保持国家稳定、提高人民生活水平具有重要意义。此外，中国绝大多数人口仍然生活在农村，而农村经济相对落后，9 亿农民中大部分人的收入不高，生活水平较低。同时，中国农业还面临着各种问题：农业自然资源相对紧缺、水土流失和土地沙化严重、农村污染严重、农村经济落后、农业科技水平相对落后等。20 世纪五六十年代起，工业化国家掀起了一场"绿色革命"（当时指的是农业领域中旨在提高农业生产效率的技术和经济变革），将现代科学技术大范围、大规模地应用在农业当中。化肥、农药、除草剂、农用塑料薄膜和农业机械的广泛使用，大大提高了农业生产力，使农业专业化生产迅速发展，农产品商业化程度不断提高，农业生产由传统农业发展到了现代农业。并且，农业投入从 1950 年到 1985 年也迅速增长。35 年内，化肥的消耗量增加了 9 倍以上；农药的消耗量增加了 33 倍；土地灌溉面积扩大了 1 倍。人工合成化学药剂的使用，造成了一系列的负面影响。如大量使用农药导致农药污染土壤、水体，甚至农产品中也含有一定的农药；土壤变得贫瘠、土地生产力下降；大量投入的工业能源和产品，使农业投入越来越高；农产品产量虽然提高了，产品品质却下降了；不合理的灌溉导致土地盐碱化等。为了解决农业发展与生态环境的协调问题，20世纪80年代中期，西方农业界提出了可持续农业的概念。然而，对不同的国家来说，农业发展的要求是不相同的，对可持续农业的理解也有差异。发达国家的农业生产水平较高，食物生产以质量为主要目标，十分重视食品的安全和营养，因而更多地强调资源环境的保护。

对发展中国家来说，农业投入水平较低，经营粗放，农业发展的潜力较大，温饱问题还没有得到彻底解决，粮食的产量增长还是第一位的。所以，发展中国家则更强调量的增加，寻求一种以发展为目标的可持续农业。发达国家和发展中国家由于基准不同，对农业的要求各有侧重，但都希望实现农业生产和环境的协调发展。

绿色消费

生态学上，将所有的生物划分为3大类：生产者、消费者、分解者。生产者指各种绿色植物，因为它们可以利用太阳的光能和二氧化碳，通过光合作用生成有机物。消费者指各种直接或间接以生产者为食的生物，我们人类被列入消费者的行列。分解者指各种细菌、真菌等微生物，它们分解生产者和消费者的残体，将各种有机物再分解为无机物，归还到大自然中去。整个自然的各种生命，组成了一个完美的循环。随着生产力的发展，我们人类的消费也逐渐变得越来越复杂。在原始阶段，人类不外乎是采集野果、捕捉猎物，消费的剩余物也是自然界中的东西，很容易被分解者还原到自然中去。而在近代和现代，人工合成了许多自然界不存在的消费品，如塑料、橡胶、玻璃制品等。这些消费品

绿色消费

的残余物，被人类抛弃进了大自然中，但分解者还没有养成吃掉它们的"食性"。塑料、橡胶、玻璃等难以腐烂，难以在短期内重新以自然界能消融的形式再返大自然，便作为垃圾堆存下来。另外，我们所使用、所食用的东西，它们的生产过程已经不是纯粹的自然过程，因此，它们的生产也对环境产生了影响。例如，我们吃的面粉，它的生产过程需要大量的人工、机械，甚至化学药剂的投入。首先，麦种可能是人工培育出的高产杂交品种，需要农业生物学家的研究和育种，种植时需要机械播种。接着，在生长过程中，为了提高产量可能需要施加化肥，为了抵抗害虫的侵袭而喷洒杀虫剂，为了去除野草使用除草剂。最后，还要机械收割，脱壳，再磨成粉，去除麸皮……小麦的生长阶段和面粉的加工过程都会对环境产生影响。播种、收割用的机械，需要人工制造，钢铁需要从采矿开始，到制成机身；机械的开动需要柴油或汽油等能源；未被吸收的化肥会随着径流流入河流、湖泊，造成富营养化；农药会杀死害虫以外的其他生物，还会残留在土壤中，破坏土壤结构，加剧土壤流失。

绿色食品并不是指绿颜色的食品。奶粉可以是绿色食品，牛肉也可以是绿色食品。如果你注意观察，许多食品的包装袋上都有一个小绿苗的标志，旁边有"绿色食品"的字样。这些食品在生产和加工的过程中，尽量不用或少用化学药品。因为化学药品可能会残留在食物中，随着食物进入人体，对我们的健康造成损害。例如，果园里喷洒农药，农药会残留在水果的表皮中；用生长激素喂猪，激素会进入猪肉中，人吃了这样的猪肉，激素会影响人体的新陈代谢和正常发育。有机食品比绿色食品的要求更严格，它们的生产过程完全不允许使用任何化学合成物质，它们是真正无污染、高品位、高质量的健康产品。

■■■ 绿色行动面面观

罗马俱乐部——非政府间的国际组织

1968 年 4 月，美国、日本、德国、意大利、瑞士等 10 多个国家的 30 多位科学家在意大利首都罗马的林赛科学院召开研究人类当前和未来的困境——生存问题的首次国际性讨论会。会后成立了一个非政府之间的国际组织——"罗马俱乐部"。这家俱乐部陆续发表了一些对世界舆论产生广泛影响的研究报告。目前，参加"罗马俱乐部"的已有来自40多个国家的100多名代表。

当今世界，环境问题已引起国际社会的广泛关注，在全球范围内保护人类生存环境的运动日益高涨。

《人类环境宣言》——《只有一个地球》

1972年6月5日，在瑞典首都斯德哥尔摩召开了联合国人类环境会议。会议通过了《联合国人类环境会议宣言》（简称《人类环境宣言》），它成为全球环境保护运动的里程碑。斯德哥尔摩会议的主要功绩在于唤醒了世人的环境意识，使各国政府和人民为维护和改善人类环境、造福全体人民、造福后代而共同努力。

同年，第二十七届联合国大会接受并通过了将联合国人类环境会议开幕的6月5日定为"世界环境日"的提议。

作为会议的背景材料，受联合国人类环境会议秘书长委托，在58个国家152位成员组成的顾问委员会的协助下，巴巴拉·沃德和雷内·杜博斯编写了具有深远影响的《只有一个地球》。

《东京宣言》——《我们共同的未来》

1987年2月，世界环境与发展委员会会议在日本召开，会上通过了《我们共同的未来》报告，并发表了《东京宣言》。这份报告是受联合国第三十八届大会委托，在委员会主席、挪威首相布伦特兰夫人的领导下，集中世界最优秀的环境、发展等方面的著名专家学者，用了两年半的时间，到世界各地实地考察后完成的。报告系统地研究了人类面临的重大经济、社会和环境问题，提出了一系列政策目标和行动建议。

里约热内卢宣言——环境与发展

1992年6月3日在巴西里约热内卢举行了联合国环境与发展会议，180多个国家出席了会议。

联合国环境与发展会议通过和签署了5个文件：《关于环境与发展的里约热内卢宣言》、《21世纪议程》、《关于森林问题的原则声明》、《联合国气候变化框架公约》、《联合国生物多样性公约》。

从斯德哥尔摩宣言到里约热内卢宣言，经过了 20 年的实践和探索，人们逐渐扩展了对环境问题的认识范围和深度，把环境问题与社会经济发展问题联系了起来，这就是可持续发展的理论。

《北京宣言》——挑战与行动

1991 年 6 月 18 日，在北京举行了发展中国家环境与发展部长级会议。会议深入探讨了国际社会在确立环境保护经济发展合作准则方面所面临的挑战，特别是对发展中国家的影响，并通过了《北京宣言》。《北京宣言》指出，当代"严重而且普遍的环境问题包括空气污染、气候变化、臭氧层耗损、淡水资源枯竭，河流、湖泊及海洋和海岸环境污染，水土流失、土地退化、荒漠化、森林破坏、生物多样性锐减、酸沉降、有毒物品扩散和管理不当、有毒有害物品和废弃物非法贩运、城区不断扩展、城乡地区生活和工作条件恶化，特别是卫生条件不良造成的疾病蔓延，以及其他类似问题"。

ISO14000 环境管理系列——绿色革命

1972 年，斯德哥尔摩人类环境会议之后，具有卓识远见的经济学家和企业家开始意识到环境问题将反过来影响经济，并预感到 21 世纪的工业生产必将产生一场以保护环境、节约资源为核心的革命。这就是目前已经破土出苗的"绿色革命"。

在一些先行国家的企业中已经开始实施"绿色设计"、"清洁生产"、"绿色科技"、"绿色产品"。有一些国家的政府和消费者团体已经向人民群众大力宣传和号召购买绿色产品。

环境管理系列还实施环境标志制度。早在 1978 年，德国（原西德）就首先使用了环境标志，之后，加拿大、日本、美国于 1988 年，丹麦、芬兰、冰岛、挪威、瑞典于 1989 年，法国、欧洲联盟于 1991 年也都实施了环境标志。中国于 1993 年 8 月正式颁布了环境标志。目前，世界上共有 20 多个国家和地方已实施或正在积极准备实施环境标志。可以说，环境标志在世界上兴起了一场保护环境的绿色浪潮。

港台一瞥——我国香港和台湾的民间环境保护运动

在环境问题的解决上，公民个人的能力和学识都很有限，若把公众组织起来，成立民间环境保护社会团体，开展环境保护宣传、环境科学学术交流、环境保护科技成果推广、环境科学知识咨询等活动，将会有效提高全民族的环境意识，并为政府决策提供有力的参考。在这方面，我国香港和台湾的民间环境保护运动就是明显的例证。

香港，作为国际性的大都市，有着繁荣的金融贸易和发达的加工业、交通业及城市能源供应。随之产生的环境问题也十分突出，除政府的环境管理工作外，香港的民间环境保护活动也很活跃。在香港，民间环保团体分为3类：1. 全港性组织，如长春社、地球之友和绿色力量；2. 区域性组织，如世界野生生物香港基金会和工人健康中心；3. 许多附属社区服务中心的组织和学校的保护环境学会。

保护环境志愿者

成立于1968年的长春社旨在"关心生态、保护环境"，使地球生物能享有良好的生态环境，它出版的季刊《绿色警觉》尝试从科学、文化、社会各个角度透视环境问题。世界野生生物香港基金会（简称WWF）是目前香港规模最大的民间环境保护团体，提倡保护大自然和一切自然资源。

WWF在香港仅存的大片湿地——后海湾成立了自然保护区和野生生物教育中心，为环境研究和教育不遗余力地工作。

地球之友于1983年在香港注册成为慈善团体，其宗旨为照顾地球及其居民，它的环境保护运动主要着眼于臭氧和热带雨林，出版的季刊《一个地球》发行量4000份。

我国台湾的民间环境保护活动也十分蓬勃，他们的民间环境保护团体有3类：1. 有官方支持的组织，如著名社会活动家张丰绪任会长的自然生态保育协会和台湾环境保护联盟等。2. 财团法人性质的基金会，如绿色消费者基金会、美化环境基金会、新环境基金会等。3. 专门性的学术团体，如野鸟学会、环境工程学会、环境卫生学会、环境绿化协会、海洋保护学会等，这些团体包括了学术性、教育性及政策游说性的机构。有的还在台湾各地设有分支机

构，而且其他性质的民间组织如女青年会也开始关注起环境问题并积极开展环境保护活动。

女性参与环境保护——

1992 年召开的环境与发展大会通过的纲领性文件《里约宣言》指出："女性在环境管理和发展方面具有重大作用。因此，她们的充分参加对实现持久发展至关重要。"

1995 年，第四次世界妇女大会秘书长格特鲁德·蒙盖拉在接受《我们的行星》杂志社记者采访时指出，国际社会必须充分认识到，如果不发挥占世界人口近一半的妇女的潜力，人类的任何目标都难以实现。人类社会的发展离不开妇女，"人类的发展必须被赋予权能。如果发展意味着要对全体社会成员扩大机会，那么妇女长期被排除在这些机会之外，将会整个地扭曲发展的过程"（引自 1995 年《人类发展报告》）。第三次世界妇女大会通过的《内罗毕战略》指出：妇女参与发展就是要切实保证妇女和男子一样，都能平等地参与国家经济、社会发展规划的制定和执行计划的各种活动。

人们常把地球比作母亲，环境就是地道的女性。地为人母、滋生万物，环境造就了万物，创造了人类，环境与我们同在。环境给人类以慷慨，正如女性给世界以母爱。正如哥斯达黎加前第一夫人玛格瑞塔·阿若丝说过："在环境保护问题上，没有人比女性更具有道义上的责任感。"第四次世界妇女大会通过的《行动纲领》指出，"在促进一种环境道德规范，提倡减少资源的使用，反复利用并回收资源以减少浪费和过度的消费等方面，妇女往往起着领导作用或是带头作用，他们会影响对可持续发展消费方面的决定"。女性与环境有着天然密切的联系。女性的天性使之对客观事物有着细致的观察力。女性所承担的养育子女繁衍后代的神圣天职，使她们对生命有着特殊的感觉，因此更加深切地关注影响人类健康、危及子孙后代的环境问题。这正是她们发挥独特作用、参与环境管理和决策的优势所在。

环境的污染，女性首先深受其害。20 世纪 60 年代，当整个世界陶醉在工业文明的巨大成就之中时，是一位女性——卡逊最早注意到农药和化学品对环境的伤害，写下了《寂静的春天》一书，唤醒了人们的环境意识，而她自己却成为环境污染的受害者，患乳腺癌而过早地离去。

1972年，第一次人类环境大会在瑞典首都斯德哥尔摩召开，多位学者撰写的报告《只有一个地球》成为这次大会的理论准备和精神纲领，而这份报告的一位主要作者也是一位女性——英国经济学家巴巴拉·沃德。她以经济学家的敏锐和女性的热忱，传播着这样一个被人遗忘太久的常识——人类只有一个地球。

19年后，又是一位女性——挪威首相布伦特兰夫人，领导世界环境与发展委员会写下了具有世纪性影响的报告《我们共同的未来》，她以政治家的远见关注着人类的未来。

1987年，拥有800万之众的世界女童子军在世界范围举办了环境无害化活动。当年，世界女童子军联合会获得了"全球500佳"的光荣称号。当代世界正向文明迈进，什么是文明呢？美国作家爱默生说："所谓文明是什么，我的回答就是杰出的女性的力量。"

占世界人口1/10的中国女性，对保护地球环境和人类未来肩负着重要的责任，她们是实施可持续发展的一支生力军。

1994年，"六五"世界环境日之际，"首届中国妇女与环境会议"在北京召开，发表了《中国妇女环境宣言》。该《宣言》指出"中国妇女有理由关注，也有义务推进中国从传统模式向可持续发展模式的转变"。

1995年，为迎接联合国妇女大会，中国环境科学学会于当年2月份在北京大学环境科学中心，组织召开了《女性与环境》研讨会。其中一个重要议题就是如何发挥女性在环境保护中的作用。女性健康与环境有着特殊的联系，女性在教育子女、提高家庭成员环境意识、选择合理的消费方式等方面更是具有重要作用。在加强立法保护女性权益的同时，应发动和组织女性积极参与各个层次的环境保护工作，采取措施以加强对女性的环境教育，提高其参与能力，创造条件使女性在环境保护运动中充当主力军，做出更大的贡献。

风起云涌的校园环境保护——

青年几乎占世界人口的30%。青年的未来不但需要政治上所创造的安定、团结的社会环境，同时也需要一个安宁和谐的自然环境。青年的广泛参与是可持续发展战略得以贯彻和延续的重要保证。

世界各国都在采取积极的行动，促使青少年参与可持续发展。

1992 年，世界环境与发展首脑会议通过的《里约宣言》告诉我们："应调动世界青年的创造性、理想和勇气，培养全球伙伴精神，以期实现持久发展和保证人人有一个更好的将来。"

世界环境保护事业离不开亿万中国青年的积极参与。中国是一个环境大国，环境保护是一项基本国策，广大青年已成为这项国策的响应者和实践者。

1994 年 4 月 22 日，美国副总统戈尔于"地球日"发起了一项《有益于环境的全球学习与观测计划（GLOBE）》，邀请各国青少年参加。该计划主要是动员各国青少年和儿童观察和收集当地的环境数据，通过电脑处理后进行交换，从而更加清楚地认识全球环境现状以及所面临的环境危机。中国也加入了这一计划。

中国在 1993 年成立了"中国青年环境论坛"，并就"中国青年与环境保护"、"青年企业家与环境保护"等方面问题展开讨论。各地成立了诸如徐州矿务局中学生环境保护小记者团、武汉大兴路小学红领巾环境观测站等非政府组织，并都获得了"全球 500 佳"的荣誉称号，促进了与世界各国青少年的交流和合作。

青年大学生更是环境保护、建设生态文明的主力军。首都高校已有几十家与环境保护有关的社团组织，曾组织过"跨世纪青年绿色志愿者联谊活动"，自觉承担起保护环境的历史重任。1995 年，北京大学爱心社组织了"爱心万里行"长征队，风尘仆仆奔波了 1 个月，以实际行动保护生态环境；首都高校环境社团联合组队去云南山区，保护濒于灭绝的野生动物；在每年一届的中国青年环境论坛学术会议上，青年环境科学家们会聚一堂，发表了《中国青年环境宣言》……

在具有百年历史的北京大学，与环境直接或间接有关的社团将近 10 家，如北大环境与发展协会、绿色生命协会、爱心社等。

北京大学环境与发展协会成立于 1991 年 5 月，现有会员共 410 余名，遍及北大所有院系，是北大科研水平最高的学术社团之一，也是北京高校最早成立的环境保护性公益社团。多年来，该协会兴办了一系列独具特色的环境活动。例如，编写《环境·污染与健康》刊物；编写《北京大学校园环境报告书》，以大量翔实的数据对北大的水、空气、噪声和辐射污染进行了全方位的观测分析，引起了广泛关注；组织会员参观过密云水库、官厅水库的水源保护，考察了龙庆峡、康西草原等风景区的旅游资源保护；还曾赴鞍山钢铁

校园环境保护

厂、北京炼焦化学厂和山东嘉祥县造纸厂进行调查研究，赴西双版纳热带雨林、张家界亚热带常绿阔叶林和黄土高原温带落叶阔叶林等自然保护区考察学习。大量的活动丰富了协会会员的经验，也及时充实了协会的材料库。此外，该协会还成功举办了北京大学环境与发展文化节；还曾举办可持续发展青年研讨会、中国环境科学座谈会、环境科学图片展等；曾参加过国际生物多样性会议、中日环境教育研讨会等国际性的学术交流活动。

重庆大学"绿色家园"协会的会标是蓝绿黄三片树叶，蓝色代表洁净的天空，绿色代表青山绿水，黄色代表土地；河北经贸大学的"自然之子"协会钟情于大自然，认为人类应当成为大自然的卫士；吉林大学"环境保护协会"认为，大学生接受的是高等教育，如果我们尚且缺乏环境意识，就更谈不上全民族环境意识的提高；云南大学"唤青社"在云南撒播绿色的希望；辽宁师大"爱鸟协会"的宣言是没有鸟的城市是座可悲的城市，同样，不爱护鸟的人，是可悲的人。

在中国，方兴未艾的环境保护浪潮吸引了大学生充满热情、憧憬的目光。他们不仅密切注视国内外的最新环境保护动向，而且身体力行，积极参加各种有关环境的社会实践活动。现实让他们懂得：保护环境，需要的是行动而不是空谈。